普通高等教育机电类系列教材

机械设计作业集

第2版

田同海　王　军　杨　巍　何晓玲　陈科家　编

机械工业出版社

本作业集针对教学中学生不宜掌握的难点、疑点内容，由浅入深，循序渐进；习题的选择难易适中，覆盖通用的机械设计教材各章的主要内容，并有一定余量，可供选择使用。

本作业集题型丰富，共分为五类，即选择题、填空题、分析与思考题、设计计算题、结构设计与分析题。学生在完成此作业集的作业后，即可掌握机械设计解题的基本方法和机械设计课程的主要内容。

本作业集采用活页形式，既便于学生做作业，也利于教师批改，并使作业规范化。

本作业集可供高等院校机械类专业学生使用，也可供自学考试等学生学习机械设计课程使用。

图书在版编目（CIP）数据

机械设计作业集/田同海等编. —2版. —北京：机械工业出版社，2015.8（2023.1重印）

普通高等教育机电类系列教材

ISBN 978-7-111-51038-3

Ⅰ.①机… Ⅱ.①田… Ⅲ.①机械设计-高等学校-习题集 Ⅳ.①TH12-44

中国版本图书馆CIP数据核字（2015）第176188号

机械工业出版社（北京市百万庄大街22号 邮政编码100037）

策划编辑：刘小慧 责任编辑：刘小慧 赵亚敏 张丹丹

版式设计：常天培 责任校对：陈 越

封面设计：张 静 责任印制：任维东

北京玥实印刷有限公司印刷

2023年1月第2版第6次印刷

184mm×260mm · 15.75印张 · 197千字

标准书号：ISBN 978-7-111-51038-3

定价：32.00元

电话服务	网络服务
客服电话：010-88361066	机 工 官 网：www.cmpbook.com
010-88379833	机 工 官 博：weibo.com/cmp1952
010-68326294	金 书 网：www.golden-book.com
封底无防伪标均为盗版	机工教育服务网：www.cmpedu.com

前　　言

机械设计课程是工科机械类专业的一门主干技术基础课，在人才培养方案中占有重要的地位。为了学好这门课程，除了课堂教学外，还需完成一定量的习题。编写本作业集的目的就是配合机械设计课程教学，加强学生对基本概念、基本理论和基本方法的理解和掌握，提高学生综合运用先修课程的知识设计通用机械零件的能力和结构设计的能力，从而培养学生分析问题、解决问题和创新设计的能力，达到机械设计课程教学的基本要求。

本作业集在第1版的基础上进行修订，对章节顺序进行了调整，可与机械工业出版社出版，王军、田同海主编的《机械设计》教材配套使用，也可作为其他机械设计教材的配套作业集。与第1版相比，增加了弹簧、机械结构设计的方法和准则、机座和箱体的结构设计简介三章的习题，并修改和充实了其他各章的习题。本作业集是编者在多年从事机械设计教学的基础上，参考了机械设计教材、习题集以及河南科技大学历届机械设计考题而编写的。编写中针对教学中学生不宜掌握的难点、疑点内容，由浅入深，循序渐进；习题的选择难易适中，覆盖各章的主要内容，并有一定余量，可供选择使用。本作业集题型丰富，共分为五类，即选择题、填空题、分析与思考题、设计计算题、结构设计与分析题。学生在完成此作业集的作业后，即可掌握机械设计解题的基本方法和机械设计课程的主要内容。本作业集采用活页形式，既便于学生做作业，也利于教师批改，并使作业规范化。

本作业集可供高等院校机械类专业学生使用，也可供自学考试等学生学习机械设计课程使用。

本作业集由河南科技大学机械原理及机械设计教研室的教师共同编写。编写分工是：田同海编写第一、第二、第四、第十二、第十三、第十七、第十八章，杨巍编写第三、第十四、第十五章，何晓玲编写第五、第六、第七章，陈科家编写第八、第九、第十六章，王军编写第十、第十一章。本作业集由田同海负责统稿。

由于编者水平有限，书中难免存在不足之处，殷切希望各位老师及使用者提出批评和宝贵意见。来信请寄洛阳市涧西区西苑路48号河南科技大学81信箱（邮编471003），或发电子邮件至：thtian@haust.edu.cn。

编　者

目　　录

前言
第一章　绪论 ………… 1
第二章　机械设计总论 ………… 2
第三章　机械零件的强度 ………… 5
第四章　摩擦、磨损及润滑概述 ………… 14
第五章　螺纹连接和螺旋传动 ………… 17
第六章　轴毂连接 ………… 33
第七章　焊接、铆接和胶接 ………… 39
第八章　带传动 ………… 41
第九章　链传动 ………… 50
第十章　齿轮传动 ………… 56
第十一章　蜗杆传动 ………… 74
第十二章　轴 ………… 84
第十三章　滚动轴承 ………… 94
第十四章　滑动轴承 ………… 107
第十五章　联轴器和离合器 ………… 114
第十六章　弹簧 ………… 117
第十七章　机械结构设计的方法和准则 ………… 119
第十八章　机座和箱体的结构设计简介 ………… 123
参考文献 ………… 124

第一章　绪　　论

一、选择题

1-1　下面所列设备中，属于机器的有________。

A. 汽车　　B. 车床　　C. 摩擦压力机　　D. 机械式手表　　E. 内燃机

1-2　机械设计课程研究的对象是________的设计。

A. 专用零件　　B. 已标准化的零件

C. 普通工作条件下的通用零件和部件　　D. 特殊工作条件下的零件和部件

1-3　下列8种机械零件：涡轮的叶片、飞机的螺旋桨、往复式内燃机的曲轴、拖拉机发动机的气门弹簧、起重机的起重钩、火车车轮、颚式破碎机上的V带轮、减速器中的齿轮。其中有________种是专用零件。

A. 3　　B. 4　　C. 5　　D. 6

二、分析与思考题

1-4　机器的基本组成要素是什么？

1-5　什么是零件？什么是构件？什么是部件？试各举3个实例。

1-6　什么是通用零件？什么是专用零件？试各举3个实例。

1-7　机械设计课程研究的内容是什么？

班级		成绩	
姓名		任课教师	
学号		批改日期	

第二章　机械设计总论

一、选择题

2-1　产品的经济评价通常只计算________。

A. 设计费用　B. 制造费用　C. 实验费用　D. 安装调试费用

2-2　机器最主要的技术经济指标是________。

A. 成本低　B. 质量高　C. 生产周期短　D. 性能价格比高

2-3　机械零件的计算分为________两种。

A. 设计计算和校核计算　B. 近似计算和简化计算

C. 强度计算和刚度计算　D. 用线图计算和用公式计算

2-4　条件性计算是________。

A. 按已知条件计算　B. 计算结果必须符合一定条件

C. 合理的简化计算　D. 计算结果要符合一定的条件

2-5　零件的设计安全系数为________。

A. 零件的极限应力比许用应力　B. 零件的极限应力比工作应力

C. 零件的工作应力比许用应力　D. 零件的工作应力比极限应力

2-6　对大量生产、强度要求高、尺寸不大、形状不复杂的零件，应选择________。

A. 自由锻造的毛坯　B. 冲压毛坯　C. 模锻毛坯　D. 铸造毛坯

2-7　从经济和生产周期性考虑，单件生产的箱体最好采用________。

A. 铸铁件　B. 铸钢件　C. 焊接件　D. 塑料件

2-8　我国国家标准代号是________，国际标准化组织的标准代号是________，原机械工业部标准代号是________。

A. ZB　B. GB　C. JB　D. YB　E. DIN　F. ISO

2-9　一对斜齿圆柱齿轮传动计算中，由计算得到的________不应圆整。

A. 齿轮齿数　B. 分度圆直径　C. 中心距　D. 齿轮齿宽

2-10　带传动工作时的打滑现象属于________形式。

A. 不可避免的失效　B. 正常工作　C. 破坏性失效　D. 非破坏性失效

二、分析与思考题

2-11　一台完整的机器通常由哪些基本部分组成？各部分的作用是什么？

2-12　设计机器时应满足哪些基本要求？设计机械零件时应满足哪些基本要求？

班级		成绩	
姓名		任课教师	
学号		批改日期	

2-13　机械零件主要有哪些失效形式？常用的计算准则主要有哪些？

2-14　什么是零件的强度要求？强度条件是如何表示的？如何提高零件的强度？

2-15　什么是零件的刚度要求？刚度条件是如何表示的？提高零件刚度的措施有哪些？

2-16　零件在什么情况下会发生共振？如何改变零件的固有频率？

2-17　什么是可靠性设计？它与常规设计有何不同？零件可靠度的定义是什么？

2-18　失效的定义是什么？它与破坏的含义相同吗？计算准则与失效的关系是什么？

班级		成绩	
姓名		任课教师	
学号		批改日期	

2-19　试以自行车为例，说明机械设计中是如何考虑标准化的？通用化、系列化和组合化（模块化）在自行车上是如何体现的？这样做有什么效果？

2-20　在机械设计中，计算得到的尺寸，有的要取标准值，有的应该圆整，有的则不能圆整，试各举一例。

2-21　机械零件设计中选择材料的原则是什么？

2-22　指出下列材料的种类，并说明代号中符号及数字的含义：HT150，ZG450，65Mn，45，Q235，40Cr，20CrMnTi，ZCuSn10Pb5。

2-23　机械的现代设计方法与传统设计方法有哪些主要区别？

班级		成绩	
姓名		任课教师	
学号		批改日期	

第三章　机械零件的强度

一、选择题

3-1　零件的截面形状一定，当截面尺寸增大时，其疲劳极限值将随之________。

A. 增大　　B. 不变　　C. 减小　　D. 规律不定

3-2　某 4 个结构及性能相同的零件甲、乙、丙、丁，若承受最大应力的值相等，而应力循环特性 r 分别为 +1、-1、0、0.5，则其中最易发生失效的零件是________。

A. 甲　　B. 乙　　C. 丙　　D. 丁

3-3　某钢制零件材料的对称循环弯曲疲劳极限 $\sigma_{-1}=300\text{MPa}$。若疲劳曲线指数 $m=9$，应力循环基数 $N_0=10^7$，当该零件工作的实际应力循环次数 $N=10^5$ 时，对应于 N 的疲劳极限 σ_{-1N} 为________ MPa。

A. 300　　B. 420　　C. 500.4　　D. 430.5

3-4　某个结构尺寸相同的零件，当采用________材料制造时，其有效应力集中系数最大。

A. HT200　　B. 35 钢　　C. 40CrNi　　D. 45 钢

3-5　某转轴的受力状态如右图所示。点 a 的应力为 σ_r，其循环特性 $r=$________。

A. +1　　B. -1　　C. <0

D. >0　　E. 0　　F. 不能确定

3-6　如下图所示的轴，受在 $+F\sim-F$ 之间对称循环变化的轴向拉压载荷，若轴的材料和热处理相同，则________。

A. 图 a 的强度高　　B. 图 b 的强度高

C. 不能判断哪个强度高　D. 在给定 r/d 值后才能判断

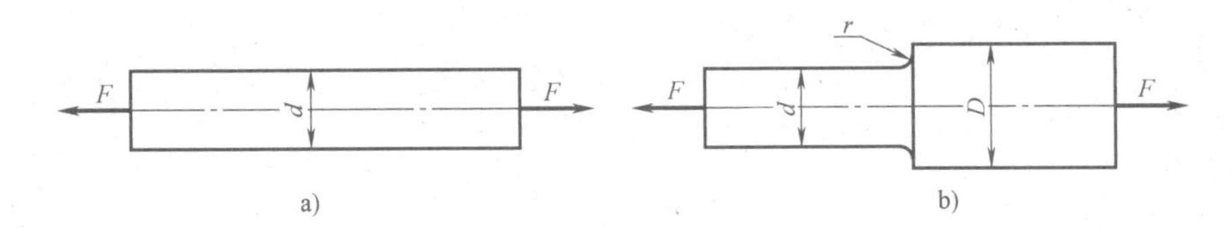

a)　　b)

3-7　下列公式中，________是正确的。

A. $\sigma_{rN}^{m}\cdot N=\sigma_{r}^{m}\cdot N_0=C$　B. 寿命系数 $K_N=\sqrt[m]{N/N_0}$　C. $\sigma N^{m}=C$　D. 寿命系数 $K_N<1$

3-8　在右边的极限应力图中，工作应力有 C_1、C_2 所示的两点。(1) 若加载规律为 $r=$ 常数，在进行安全系数校核时，对应 C_1 点的极限应力点应取为________，对应 C_2 点的极限应力点应取为________。

(2) 若加载规律为 $\sigma_m=$ 常数，则对应 C_1 点的极限应力点应取为____________，对应 C_2 点的极限应力点应取为__________。

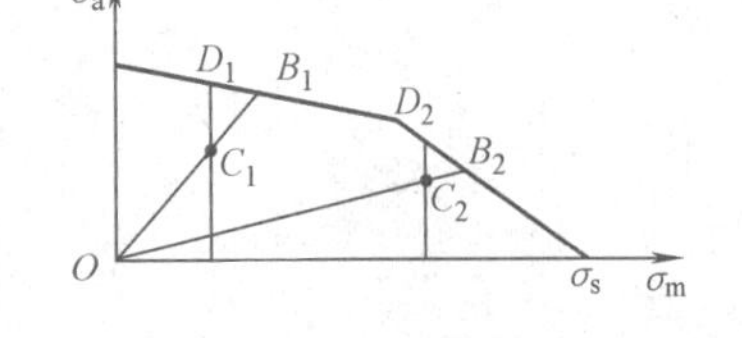

A. B_1　　B. B_2

C. D_1　　D. D_2

班级		成绩	
姓名		任课教师	
学号		批改日期	

3-9 在右边的极限应力图中，工作应力点为 C，OC 线与横坐标轴的交角 $\theta=60°$，则该零件所受的应力为________。

A. 对称循环变应力

B. 脉动循环变应力

C. σ_{max}、σ_{min} 符号（正负）相同的非对称循环变应力

D. σ_{max}、σ_{min} 符号（正负）不同的非对称循环变应力

σ_a C θ O σ_s σ_m

3-10 某个用40Cr钢制成的零件，已知其 $\sigma_b=750\text{MPa}$、$\sigma_s=550\text{MPa}$、$\sigma_{-1}=350\text{MPa}$、$\varphi_\sigma=0.25$，零件危险截面处的最大工作应力 $\sigma_{max}=185\text{MPa}$，最小工作应力 $\sigma_{min}=-75\text{MPa}$，疲劳强度的综合影响系数 $K_\sigma=1.44$，则当循环特性 $r=$ 常数时，该零件的疲劳强度计算安全系数 S 为________。

A. 2.97　　B. 1.74　　C. 1.90　　D. 1.45

3-11 某零件用合金钢制造，其材料力学性能为：$\sigma_{-1}=410\text{MPa}$，$\varphi_\sigma=0.25$，综合影响系数 $K_\sigma=1.47$，则该零件受脉动循环变应力时（$K_N=1$），极限应力为________ MPa。

A. 223　　B. 328　　C. 551　　D. 656

3-12 已知某转轴在弯-扭复合应力状态下工作，其弯曲与扭转作用下的计算安全系数分别为 $S_\sigma=6.0$、$S_\tau=18.0$，则该轴的实际计算安全系数为________。

A. 12.0　　B. 6.0　　C. 5.69　　D. 18.0

3-13 在载荷和几何尺寸相同的情况下，钢制零件间的接触应力________铸铁零件间的接触应力。

A. 大于　　B. 等于　　C. 小于　　D. 小于或等于

3-14 两零件的材料和几何尺寸都不相同，以曲面接触受载时，两者的接触应力值________。

A. 相等　　B. 不相等

C. 是否相等与材料和几何尺寸有关　　D. 材料硬的接触应力值大

3-15 两等宽的圆柱体接触，其直径 $d_1=2d_2$，弹性模量 $E_1=2E_2$，则接触应力为________。

A. $\sigma_{H1}=\sigma_{H2}$　　B. $\sigma_{H1}=2\sigma_{H2}$　　C. $\sigma_{H1}=4\sigma_{H2}$　　D. $\sigma_{H1}=8\sigma_{H2}$

3-16 在下图示出圆柱形表面接触的情况下，各零件的材料、宽度均相同，受力均为正压力 F，则________的接触应力最大。

班级		成绩	
姓名		任课教师	
学号		批改日期	

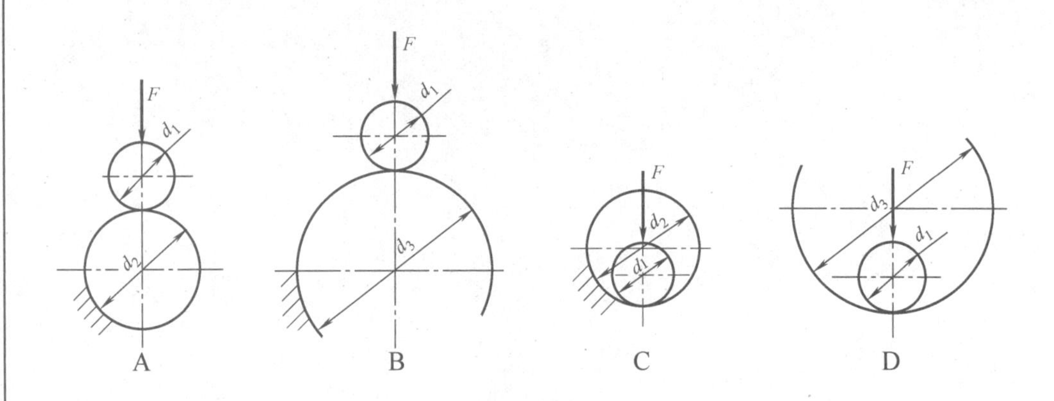

3-17　在上题图 A 中，$d_2=2d_1$，小圆柱的弹性模量为 E_1，大圆柱的弹性模量为 E_2，E 为一定值，大、小圆柱的尺寸及外载荷 F 一定，则在以下 4 种情况中，________的接触应力最大，________的接触应力最小。

A. $E_1=E_2=E/2$　B. $E_1=E$，$E_2=E/2$　C. $E_1=E/2$，$E_2=E$　D. $E_1=E_2=E$

二、填空题

3-18　判断机械零件强度的两种方法是______________及______________。相应的强度条件式分别为______________及______________。

3-19　在静载荷作用下的机械零件，不仅可以产生________应力，也可能产生________应力。

3-20　在变应力工况下，机械零件的强度失效是______________。这种损坏的断面明显地有两个区域：______________及______________，或称为______________及______________。

3-21　在钢制零件的 σ-N 曲线上，当疲劳极限几乎与应力循环次数 N 无关时，称为________疲劳；而当 $N<N_0$ 时，疲劳极限随循环次数 N 的增加而降低的疲劳称为______________疲劳。

3-22　描述规律性的交变应力有________个参数，但其中只有________个参数是独立的。若已知应力幅 σ_a、平均应力 σ_m，则最大应力 $\sigma_{max}=$______________，最小应力 $\sigma_{min}=$______________，循环特性（应力比）$r=$______________。

3-23　公式 $S=\dfrac{S_\sigma S_\tau}{\sqrt{S_\sigma^2+S_\tau^2}}$表示______________应力状态下______________强度的安全系数，而公式 $S=\dfrac{\sigma_s}{\sqrt{\sigma_{max}^2+4\tau_{max}^2}}$表示______________应力状态下______________强度的安全系数。

3-24　机械零件受载荷时，在______________处产生应力集中。应力集中的程度通常随材料强度的增大而________。

3-25　影响机械零件疲劳极限的主要因素有__________________、__________________、__________________和__________________，通常用______________表示。

班级		成绩	
姓名		任课教师	
学号		批改日期	

三、分析与思考题

3-26　下图所示各零件均受静载荷作用，试判断零件上 A 点的应力是静应力还是变应力，并确定循环特性（应力比）r 的大小或范围。

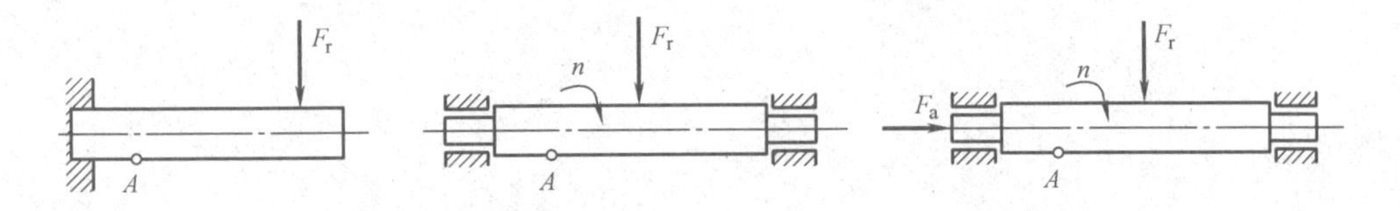

3-27　机械零件的简化极限应力线图与材料试件的简化极限应力线图有何区别？在相同的应力变化规律下，零件和材料试件的失效形式是否总是相同的？为什么（用疲劳极限应力图说明）？

3-28　如何由零件的断口判断该零件是静强度失效还是疲劳强度失效？零件的疲劳断裂具有什么特征？

3-29　承受循环变应力的机械零件在什么情况下可按静强度条件计算？在什么情况下可按疲劳强度条件计算？

3-30　在双向稳定变应力下工作的机械零件，怎样进行疲劳强度计算？

班级		成绩	
姓名		任课教师	
学号		批改日期	

3-31　简述受规律性非稳定变应力作用的零件疲劳强度计算的主要依据及思路。

四、设计计算题

3-32　某材料的对称循环弯曲疲劳极限应力 $\sigma_{-1}=350\text{MPa}$，屈服极限 $\sigma_s=550\text{MPa}$，强度极限 $\sigma_b=750\text{MPa}$，循环基数 $N_0=5\times10^6$（$N_0\approx N_D$），$m=9$，试求对称循环次数 N 分别为 $N_1=5\times10^4$、$N_2=5\times10^5$、$N_3=5\times10^7$ 次时的极限应力 $\sigma_{\lim1}$、$\sigma_{\lim2}$、$\sigma_{\lim3}$。

3-33　某零件如下图所示，材料的强度极限 $\sigma_b=650\text{MPa}$，表面精车，不进行强化处理，试确定 I—I 截面处弯曲疲劳极限的综合影响系数 K_σ 和剪切疲劳极限的综合影响系数 K_τ。

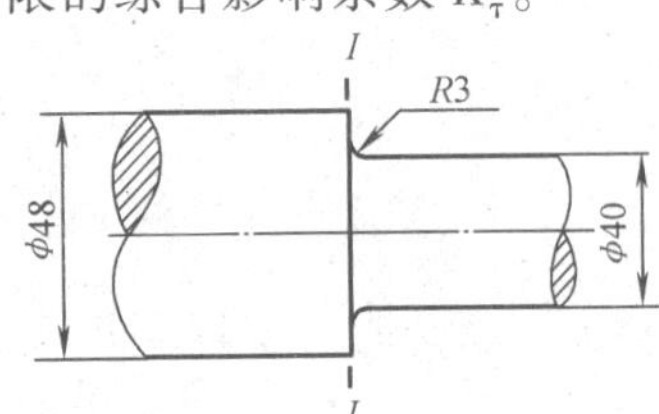

班级		成绩	
姓名		任课教师	
学号		批改日期	

3-34　某轴只受稳定交变应力的作用，工作应力 $\sigma_{max}=240\text{MPa}$，$\sigma_{min}=-40\text{MPa}$；材料的力学性能 $\sigma_{-1}=450\text{MPa}$，$\sigma_s=800\text{MPa}$，$\sigma_0=700\text{MPa}$；轴上危险截面处的 $k_\sigma=1.3$，$\varepsilon_\sigma=0.78$，$\beta_\sigma=1$，$\beta_q=1$。要求：

（1）绘制材料、零件的简化极限应力图；

（2）用图解法求零件的极限应力 σ_{re} 及计算安全系数 S_σ（按 $r=$ 常数、$K_N=1$ 考虑），试用计算法验证由图解法求得的 σ_{ae}、σ_{me} 及 S_σ 值。

（3）取许用安全系数 $[S]=1.5$，校验此轴是否安全。

班级		成绩	
姓名		任课教师	
学号		批改日期	

3-35　一零件由 45 钢制成，其材料的力学性能为：$\sigma_s = 360\text{MPa}$，$\sigma_{-1} = 300\text{MPa}$，$\varphi_\sigma = 0.2$。已知零件上两点的工作应力分别为：$M_1$ 点：$\sigma_{max} = 190\text{MPa}$，$\sigma_{min} = 110\text{MPa}$；$M_2$ 点：$\sigma_{max} = 120\text{MPa}$，$\sigma_{min} = -20\text{MPa}$，$r =$ 常数，综合影响系数 $K_\sigma = 2.0$，寿命系数 $K_N = 1.2$，试说明 M_1、M_2 点可能发生的失效形式，并分别用图解法和计算法确定该零件的计算安全系数。

3-36　已知某轴的力学性能为：$\sigma_s = 800\text{MPa}$，$\sigma_{-1} = 500\text{MPa}$，$\sigma_0 = 800\text{MPa}$，综合影响系数 $K_\sigma = 2.0$，所受的最大应力 $\sigma_{max} = 200\text{MPa}$，应力循环特性 $r = 0.2$，寿命系数 $K_N = 1.2$，试分别用图解法和计算法计算该零件的安全系数 S_σ，并说明可能发生的失效形式。

班级		成绩	
姓名		任课教师	
学号		批改日期	

3-37　转轴的局部结构如题 3-33 图所示。已知轴的 $I—I$ 截面承受的弯矩 $M=300\text{N}\cdot\text{m}$，转矩 $T=800\text{N}\cdot\text{m}$，弯曲应力为对称循环，扭转切应力为脉动循环。轴的材料为 40Cr 钢调质，$\sigma_{-1}=355\text{MPa}$，$\tau_{-1}=200\text{MPa}$，$\sigma_s=540\text{MPa}$，$\tau_s=320\text{MPa}$，$\varphi_\sigma=0.2$，$\varphi_\tau=0.1$。设 $K_\sigma=2.2$，$K_\tau=1.8$，寿命系数 $K_N=1.1$，试计算考虑弯曲和扭转共同作用时的计算安全系数 S。

班级		成绩	
姓名		任课教师	
学号		批改日期	

3-38 实心转轴的危险截面上所受弯矩 $M=100\text{N}\cdot\text{m}$，转矩为周期变化，$T=0\sim50\text{N}\cdot\text{m}$。轴的材料为碳钢。已知其力学性能为：$\sigma_s=300\text{MPa}$，$\sigma_{-1}=170\text{MPa}$，$\tau_s=180\text{MPa}$，$\tau_{-1}=100\text{MPa}$。若截面直径 $d=30\text{mm}$，有效应力集中系数 $k_\sigma=1.79$，$k_\tau=1.47$，尺寸系数 $\varepsilon_\sigma=0.84$，$\varepsilon_\tau=0.78$，表面质量系数 $\beta_\sigma=\beta_\tau=0.9$，强化系数 $\beta_q=1$，材料常数 $\varphi_\sigma=0.34$，$\varphi_\tau=0.21$，试确定计算安全系数 S。计算时可按 $K_N=1$ 考虑，忽略横向切应力的作用，并设弯曲应力和扭转应力的循环同步。

班级		成绩	
姓名		任课教师	
学号		批改日期	

第四章　摩擦、磨损及润滑概述

一、选择题

4-1　摩擦与磨损最小的摩擦状态是________，摩擦与磨损最大的摩擦状态是________。

A. 干摩擦　B. 边界摩擦　C. 混合摩擦　D. 液体摩擦

4-2　边界摩擦的边界膜中，不包括________。

A. 物理吸附膜　B. 化学吸附膜　C. 化学反应膜　D. 化学-机械膜

4-3　在一个机械零件的磨损过程中，代表使用寿命长短的是________。

A. 剧烈磨损阶段　B. 稳定磨损阶段　C. 磨合阶段　D. 以上三阶段之和

4-4　齿轮的胶合失效属于________，点蚀失效属于________。

A. 黏附磨损　B. 磨粒磨损　C. 接触疲劳磨损　D. 冲蚀磨损

E. 机械化学磨损　F. 腐蚀磨损

4-5　对于边界摩擦，起主要作用的润滑油的性质是________。

A. 黏度　B. 闪点　C. 凝点　D. 抗氧化性　E. 油性

4-6　对于齿轮、滚动轴承等零部件的润滑状态，应采用________理论。

A. 流体动力润滑　B. 流体静力润滑　C. 弹性流体动力润滑　D. 极压润滑

4-7　润滑脂是________。

A. 润滑油与金属皂的混合物　B. 金属皂与稠化剂的混合物

C. 润滑油与添加剂的混合物　D. 润滑油与稠化剂的混合物

4-8　在以下几种润滑方法中，________不适用于轴线处于垂直位置的滑动轴承，________适用于高速重载传动。

A. 飞溅润滑　B. 压力循环润滑　C. 油环润滑　D. 滴油润滑

4-9　运动黏度是动力黏度与同温度下润滑油________的比值。

A. 质量　B. 密度　C. 比重　D. 流速

4-10　我国国家标准规定采用润滑油在40℃时的________中心值作为润滑油的牌号。

A. 动力黏度　B. 运动黏度　C. 条件黏度　D. 基本黏度

二、填空题

4-11　摩擦学是一门研究________________________的学科。

4-12　润滑油的油性是指润滑油在金属表面的________________________能力。

4-13　影响润滑油黏度 η 的主要因素有____________和____________。

4-14　典型的机械滑动摩擦状态是__________、__________和____________。

4-15　流体的黏度，即流体抵抗变形的能力，它表征流体内部____________的大小。

4-16　压力升高，黏度____________；温度升高，黏度____________。

4-17　影响机器滑动磨损的因素很多，主要有______、______、______、________等。

4-18　机器工作的环境温度高时，应该选择闪点________的润滑油；机器工作的环境温度低时，应该选择凝点________的润滑油。

4-19　结合具体机械零件的磨损失效，______属于黏附磨损；________属于磨粒磨损；______属于疲劳磨损。

班级		成绩	
姓名		任课教师	
学号		批改日期	

4-20　形成流体动压润滑的必要条件有____________________、________________和________________。

4-21　形成流体动压润滑的充分条件是________________。

三、分析与思考题

4-22　膜厚比的物理意义是什么？边界摩擦、混合摩擦和液体摩擦所对应的膜厚比范围各是多少？

4-23　在工程中，常用金属材料副的摩擦因数是如何得来的？

4-24　什么是边界膜？有几种边界膜？它们各自的形成机理是什么？如何提高边界膜的强度？

4-25　根据磨损机理的不同，磨损通常分为哪几种类型？它们各有什么主要特点？

4-26　零件的磨损过程大致可分为哪几个阶段？每个阶段的特性是什么？为了延长使用寿命，零件在磨合时应注意哪些问题？

班级		成绩	
姓名		任课教师	
学号		批改日期	

4-27 润滑油的主要性能指标有哪些？润滑脂的主要特性指标有哪些？

4-28 润滑油的黏度是如何定义的？什么是润滑油的黏性定律？什么样的流体称为牛顿流体？黏度如何随温度、压力变化？黏度的表示方法通常有哪几种？各黏度的单位和换算关系是什么？

4-29 在润滑油和润滑脂中加入添加剂的作用是什么？

4-30 新机器为什么要磨合？

4-31 流体动力润滑和流体静力润滑的油膜形成机理有何不同？流体静力润滑的主要优缺点是什么？

4-32 流体动力润滑和弹性流体动力润滑两者之间有何本质区别？所研究的对象有何不同？

班级		成绩	
姓名		任课教师	
学号		批改日期	

第五章　螺纹连接和螺旋传动

一、选择题

5-1　螺纹升角 ψ 增大，则连接的自锁性能________，传动效率________；牙型斜角 β 增大，连接的自锁性能________，传动效率________。

A. 提高　B. 不变　C. 降低

5-2　右图所示两零件件拟采用螺纹连接，且需要经常装拆，a 图宜选用________连接，b 图宜选用________连接。

a)　b)

A. 普通螺栓　B. 铰制孔用螺栓

C. 双头螺柱　D. 螺钉

5-3　螺纹连接防松的根本目的在于________。

A. 增加螺纹连接的轴向力　B. 增加螺纹连接的横向力

C. 防止螺纹副的相对转动　D. 增加螺纹连接的刚度

5-4　对顶螺母为________防松，开口销为________防松，串联钢丝为________防松。

A. 摩擦　B. 机械　C. 不可拆

5-5　在铰制孔用螺栓连接中，螺栓杆与孔的配合为________。

A. 间隙配合　B. 过渡配合　C. 过盈配合

5-6　在承受横向工作载荷或旋转力矩的普通紧螺栓连接中，依靠________来承载；螺栓杆________的作用。

A. 接合面间的摩擦力　B. 螺栓的剪切和挤压　C. 螺栓的剪切和被连接件的挤压

D. 受切应力　E. 受拉应力　F. 受扭转切应力和拉应力

G. 可能仅受切应力或可能仅受拉应力

5-7　受横向工作载荷的普通紧螺栓连接中，螺栓所受的载荷为________；受横向工作载荷的铰制孔用螺栓连接中，螺栓所受的载荷为______；受轴向工作载荷的普通松螺栓连接中，螺栓所受的载荷是______；受轴向工作载荷的普通紧螺栓连接中，螺栓所受的载荷是________。

A. 工作载荷　B. 预紧力　C. 工作载荷 + 预紧力

D. 工作载荷 + 残余预紧力　E. 残余预紧力

5-8　受轴向工作载荷的普通紧螺栓连接，假设螺栓的刚度 C_1 与被连接件的刚度 C_2 相等，连接的预紧力为 F_0，要求受载后接合面不分离，当工作载荷 F 等于预紧力 F_0 时，则________。

A. 连接件分离，连接失效　B. 被连接件即将分离，连接不可靠

C. 连接可靠，但不能再继续加载

D. 连接可靠，只要螺栓强度足够，工作载荷 F 还可增加到接近预紧力的两倍

5-9　重要的螺栓连接直径不宜小于 M12，这是因为________。

A. 要求精度高　B. 减少应力集中　C. 防止拧紧时过载拉断　D. 便于装配

5-10　紧螺栓连接强度计算时将螺栓所受的轴向拉力乘以 1.3，是由于________。

A. 安全可靠　B. 保证足够的预紧力　C. 防止松脱　D. 计入扭转切应力

5-11　对承受轴向变载荷的普通紧螺栓连接，在限定螺栓总拉力的情况下，提高螺栓疲劳强度的有效措施是________。

A. 增大螺栓的刚度 C_1，减小被连接件的刚度 C_2

B. 减小 C_1，增大 C_2

C. 减小 C_1 和 C_2

D. 增大 C_1 和 C_2

班级		成绩	
姓名		任课教师	
学号		批改日期	

5-12 有一气缸盖螺栓连接，若气缸内气体压力在 0 ~ 2MPa 之间变化，则螺栓中的应力变化规律为________，并且________。

A. 对称循环 B. 脉动循环 C. 非对称循环 D. 非稳定循环

E. 应力循环特性 r = 常数 F. 平均应力 σ_m = 常数 G. 最小应力 σ_{min} = 常数

5-13 当螺栓的总拉力 F_1 和残余预紧力 F_2 不变，只将螺栓由实心变成空心，则螺栓的应力幅 σ_a 与预紧力 F_0 的变化为________。

A. σ_a 增大，预紧力 F_0 应适当减小 B. σ_a 增大，预紧力 F_0 应适当增大

C. σ_a 减小，预紧力 F_0 应适当减小 D. σ_a 减小，预紧力 F_0 应适当增大

5-14 螺栓连接中螺纹牙间载荷分配不均匀是由于________。

A. 螺母太厚 B. 应力集中 C. 螺母和螺栓变形大小不同

D. 螺母和螺栓变形性质不同

5-15 螺栓的材料性能等级为 4.6 级，则螺栓材料的最小屈服极限近似为________。

A. 240MPa B. 400MPa C. 600MPa D. 460MPa

5-16 采用凸台或沉头座作为螺栓头或螺母的支承面，是为了________。

A. 避免螺栓受弯曲应力 B. 便于放置垫圈 C. 减小预紧力 D. 减小挤压应力

5-17 设计螺栓组连接时，虽然每个螺栓的受力不一定相等，但该组螺栓仍采用相同的规格（材料、直径和长度均相同），这主要是为了________。

A. 外形美观 B. 购买方便 C. 便于加工和安装 D. 受力均匀

5-18 传动螺旋工作时，其最主要的失效形式为________。

A. 螺杆的螺纹圈被剪断 B. 螺母的螺纹圈被剪断 C. 螺纹工作面被压碎

D. 螺纹工作面被磨损

二、填空题

5-19 常用螺纹的类型主要有_______、_______、_______、_______、_______和_______。

5-20 三角形螺纹的牙型角 α = ________，适用于________；而梯形螺纹的牙型角 α = ________，适用于________。

5-21 若螺纹的直径和螺旋副的摩擦系数已确定，则拧紧螺母时的效率取决于螺纹的________和________。

5-22 普通螺纹的公称直径指的是螺纹的____径，计算螺纹的摩擦力矩时使用的是螺纹的____径，计算螺纹的危险截面时使用的是螺纹的______径。

5-23 标记 M16 表示____________________，标记 M16 × 1.5 表示____________________。

5-24 螺纹连接的拧紧力矩等于________________和________________之和。

5-25 在螺栓连接的破坏形式中，约有______%的螺栓属于疲劳破坏。疲劳断裂常发生的部位是______________________________。

5-26 普通紧螺栓连接，受横向载荷作用，则螺栓中受________应力和________应力作用。

班级		成绩	
姓名		任课教师	
学号		批改日期	

5-27　普通紧螺栓连接承受横向工作载荷时，螺栓受________力作用，则连接可能的失效形式为________；铰制孔用螺栓连接承受横向工作载荷时，螺栓受________和________力作用，则连接可能的失效形式为________和________。

5-28　在相同横向工作载荷作用下，要求螺栓尺寸小时应采用________螺栓连接，要求装拆方便时应采用________螺栓连接。

5-29　单个紧螺栓连接，已知预紧力为 F_0，轴向工作载荷为 F，螺栓的相对刚度为 $C_1/(C_1+C_2)$，则螺栓所受的总拉力 $F_1=$________，而残余预紧力 $F_2=$________。若螺栓的螺纹小径为 d_1，螺栓材料的许用拉应力为 $[\sigma]$，则其危险截面的抗拉强度条件式为________。

5-30　受轴向工作载荷作用的紧螺栓连接，当预紧力 F_0 和工作载荷 F 一定时，为减小螺栓所受的总拉力 F_1，通常采用的方法是减小________的刚度或增大________的刚度；当工作载荷 F 和残余预紧力 F_2 一定时，为了提高螺栓的疲劳强度，可以减小________或增大________。

5-31　螺栓连接中，当螺栓轴线与被连接件支承面不垂直时，螺栓中将产生附加________应力。

5-32　螺纹连接防松，按其防松原理可分为________防松、________防松和________防松。

5-33　进行螺栓组连接受力分析的目的是________________________________。

5-34　螺栓组连接结构设计的目的是________________________________；应考虑的主要问题有________________________________。

5-35　螺栓连接件的制造精度分为 A、B、C 三个精度等级，其中 B 级多用于________的连接。

三、分析与思考题

5-36　常用螺纹有哪几种类型？各适用于什么场合？对连接螺纹和传动螺纹的要求有何不同？

5-37　在螺栓连接中，不同的载荷类型要求不同的螺纹余留长度，这是为什么？

班级		成绩	
姓名		任课教师	
学号		批改日期	

5-38　连接螺纹都具有良好的自锁性能，为什么有时还需要防松装置？试各举出两个机械防松和摩擦防松的例子。

5-39　承受横向工作载荷的普通螺栓连接和铰制孔用螺栓连接的主要失效形式各是什么？计算准则各是什么？

5-40　计算普通螺栓连接时，为什么只考虑螺栓危险截面的抗拉强度，而不考虑螺栓头、螺母和螺纹牙的强度？

5-41　松螺栓连接和紧螺栓连接的区别是什么？在计算中如何考虑这些区别？

5-42　当普通紧螺栓连接所受的轴向工作载荷或横向工作载荷为脉动循环时，螺栓上的总载荷各是什么循环？

5-43　螺栓的性能等级为8.8级，与它相配的螺母的性能等级应为多少？性能等级数字代号的含义是什么？

班级		成绩	
姓名		任课教师	
学号		批改日期	

5-44　在什么情况下，螺栓连接的安全系数大小与螺栓的直径有关？试说明其原因。

5-45　试用受力变形线图分析说明螺栓连接所受轴向工作载荷 F、预紧力 F_0 一定时，改变螺栓或被连接件的刚度，对螺栓连接的静强度和连接的紧密性有何影响。

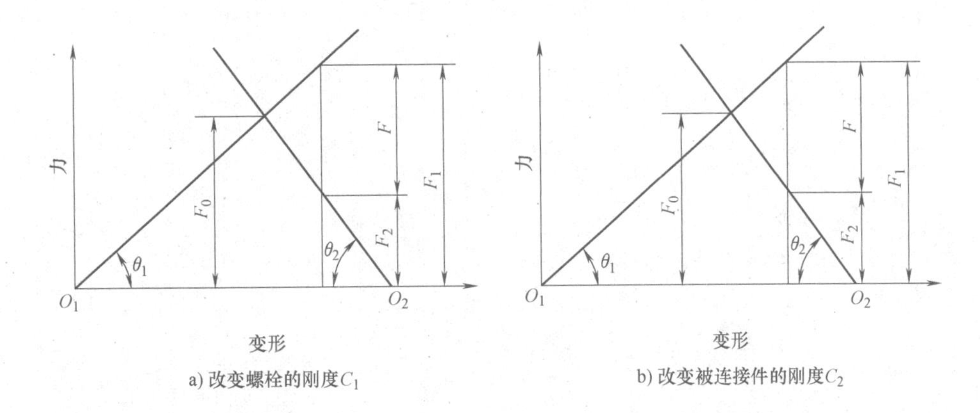

a) 改变螺栓的刚度 C_1　　b) 改变被连接件的刚度 C_2

5-46　紧螺栓连接所受轴向变载荷在 0 ~ F 间变化，在保证螺栓连接紧密性要求和静强度要求的前提下，要提高螺栓连接的疲劳强度，应如何改变螺栓或被连接件的刚度及预紧力的大小？试通过受力变形线图来说明。

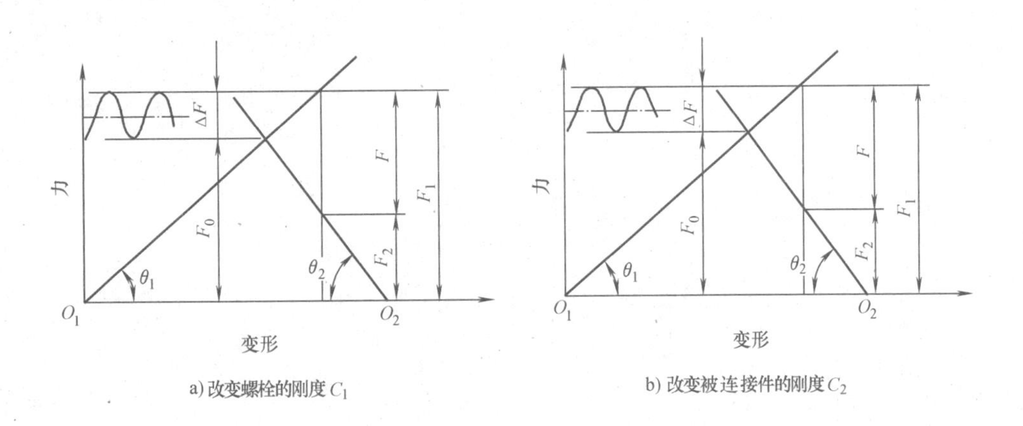

a) 改变螺栓的刚度 C_1　　b) 改变被连接件的刚度 C_2

5-47　为什么螺母的螺纹圈数不宜大于 10？通常采用哪些结构形式可使各圈螺纹牙的载荷分布趋于均匀？

班级		成绩	
姓名		任课教师	
学号		批改日期	

5-48 滑动螺旋的主要失效形式是什么？其基本尺寸（即螺杆直径及螺母高度）通常是根据什么条件确定的？

四、设计计算题

5-49 下图所示为两个 M12 的普通螺栓连接。已知接合面间摩擦系数 $f=0.15$，防滑（可靠性）系数 $K_s=1.2$，螺栓材料强度级别为 5.6 级，装配时控制预紧力，试计算该连接允许的最大工作载荷 F_{Rmax}。

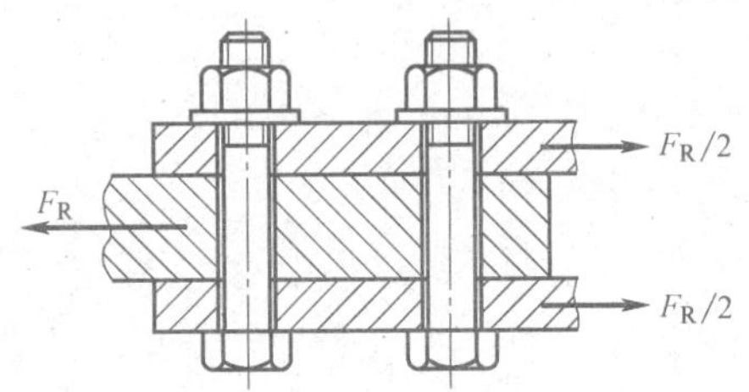

5-50 下图所示的普通螺栓组连接中，已知工作载荷 $F_R=5kN$，接合面间摩擦系数 $f=0.15$，防滑（可靠性）系数 $K_s=1.2$，螺栓材料性能等级为 4.6 级，装配时控制预紧力，试确定该连接所需的螺栓直径 d。

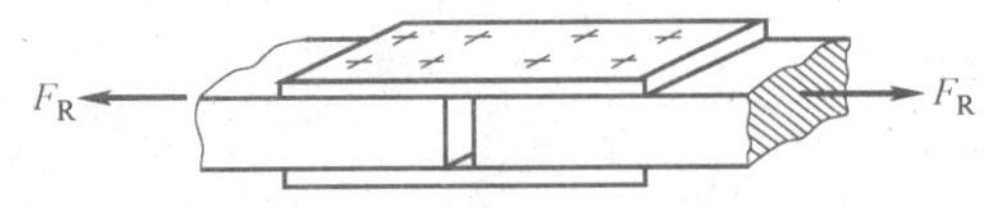

班级		成绩	
姓名		任课教师	
学号		批改日期	

5-51 下图所示一气缸盖与缸体凸缘采用普通螺栓连接。已知气缸中的压力 p 在 0 ~ 2.5MPa 之间变化，气缸内径 $D = 500\text{mm}$，螺栓分布在直径 $D_0 = 650\text{mm}$ 的圆周上。为保证气密性，要求残余预紧力 $F_2 = 1.8F$，螺栓间距 $t \leqslant 4.5d$（d 为螺栓的大径）。螺栓材料的许用拉应力 $[\sigma] = 120\text{MPa}$，许用应力幅 $[\sigma_a] = 20\text{MPa}$。选用铜皮石棉垫片，螺栓相对刚度 $C_1/(C_1 + C_2) = 0.8$，试确定螺栓的数目和尺寸。
（提示：先选取螺栓的数目 $z = 20$、24、30、36，然后按拉伸静强度计算直径并确定其尺寸，再验算间距和应力幅。）

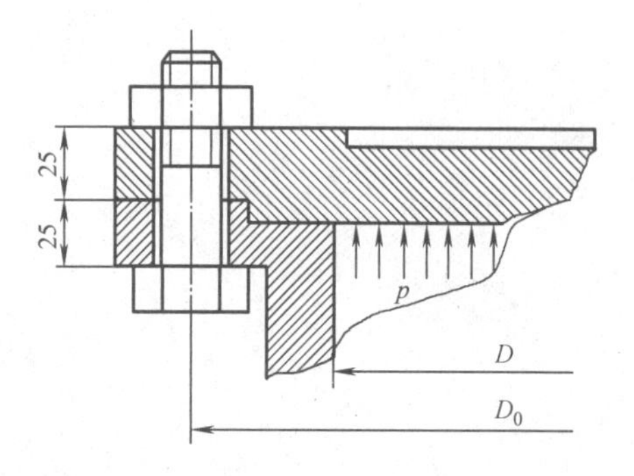

班级		成绩	
姓名		任课教师	
学号		批改日期	

5-52　下图所示为用 HT200 材料制成的凸缘联轴器，允许传递的最大转矩 $T=680\text{N}\cdot\text{m}$，两半联轴器采用 4 个 M12 的铰制孔用螺栓连接，螺栓规格为 M12×60，螺栓的性能等级为 6.8 级，试校核其连接强度。若改用普通螺栓连接，两半联轴器接合面间的摩擦系数 $f=0.15$，防滑（可靠性）系数 $K_s=1.2$，装配时不控制预紧力，试计算螺栓的直径，并确定其公称长度，写出螺栓标记。

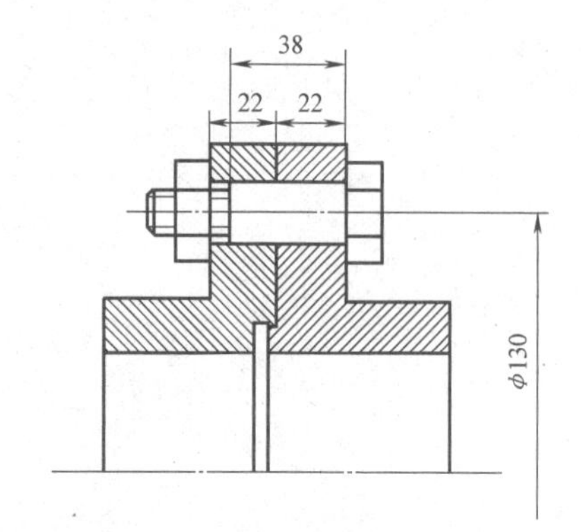

班级		成绩	
姓名		任课教师	
学号		批改日期	

5-53　下图所示机架 A 上用两个普通螺栓固定一杠杆 B，在杠杆的两端各作用一垂直于杆的水平力 F_R，且方向相反，同时在杠杆中心作用一垂直力 $F_Q=2000$N。已知杠杆与机架结合面间的摩擦系数 $f=0.2$，防滑（可靠性）系数 $K_s=1.2$，螺栓的相对刚度 $C_1/(C_1+C_2)=0.4$，预紧力 $F_0=9000$N，螺栓的许用拉应力 $[\sigma]=160$MPa，结合面的抗压强度足够，试求允许作用的最大水平力 F_R 和螺栓的直径 d。

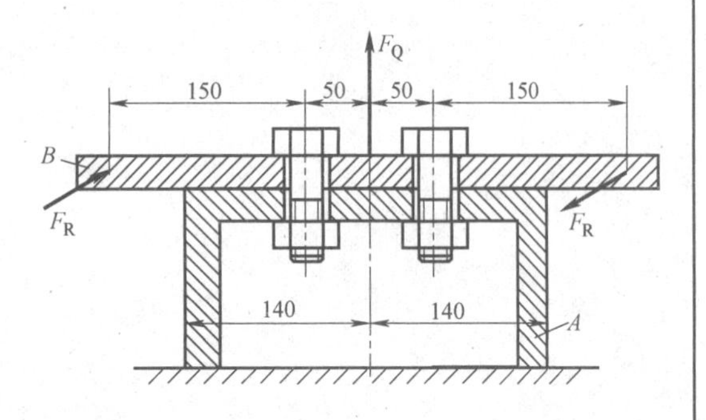

班级		成绩	
姓名		任课教师	
学号		批改日期	

5-54　下图所示的圆形盖板用4个螺钉与箱体连接，均匀分布在 $D=200\text{mm}$ 的圆周上，吊环受拉力 $F_\Sigma=10\text{kN}$，要求残余预紧力 $F_2=0.6F$（F 为每个螺钉的工作载荷），螺钉的许用拉应力 $[\sigma]=120\text{MPa}$。由于制造误差，吊环中心 O' 距圆心 O 的距离 $\overline{OO'}=5\text{mm}$，求受力最大的螺钉受到的总拉力 $F_{1\max}$ 及螺钉的直径 d。

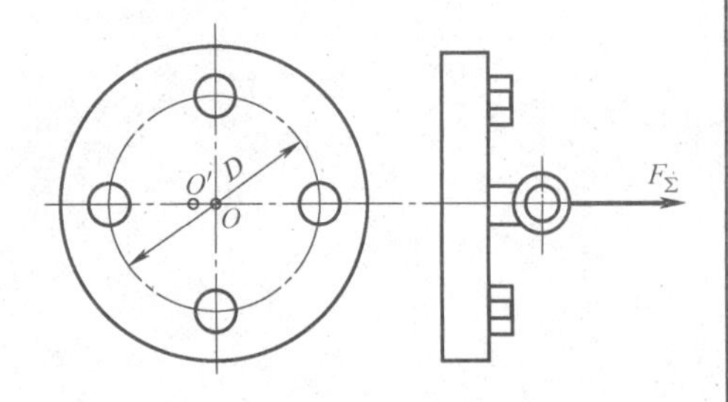

班级		成绩	
姓名		任课教师	
学号		批改日期	

5-55 下图所示的托架用 6 个普通螺栓与水泥砖墙连接。已知物体的重力 $W=9000\text{N}$，螺栓的相对刚度 $C_1/(C_1+C_2)=0.25$，接合面间摩擦系数 $f=0.5$，防滑（可靠性）系数 $K_s=1.2$，螺栓的许用拉应力 $[\sigma]=100\text{MPa}$，要求：

（1）按托架不下滑确定该连接所需要的预紧力 F_0 及螺栓直径 d；

（2）若许用挤压应力 $[\sigma_p]=3\text{MPa}$，试校核该连接是否会出现压溃和离缝。

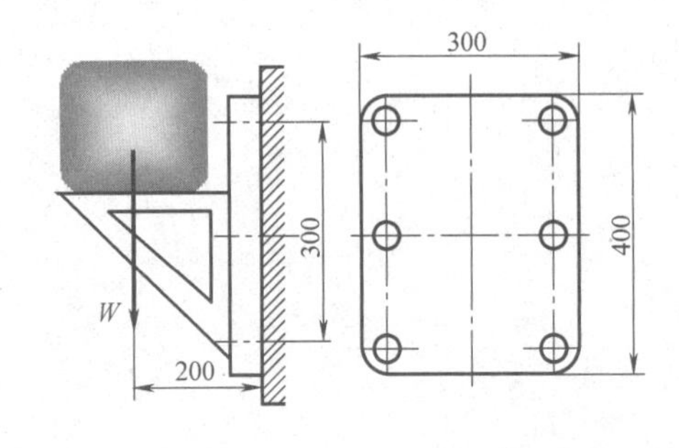

班级		成绩	
姓名		任课教师	
学号		批改日期	

5-56　下图所示为一支座与钢柱用4个普通螺栓连接，间距 $L=150\text{mm}$。已知作用在支座上的载荷 $F=6000\text{N}$，螺栓的相对刚度 $C_1/(C_1+C_2)=0.25$，接合面间摩擦系数 $f=0.2$，连接防滑（可靠性）系数 $K_s=1.2$，螺栓的许用应力 $[\sigma]=160\text{MPa}$，问：

（1）载荷 F 作用于 A、B、C 三点中的哪一点螺栓组受力最合理？

（2）对确定的合理方案，按不滑移的条件计算连接所需的预紧力 F_0 和螺栓的直径 d。

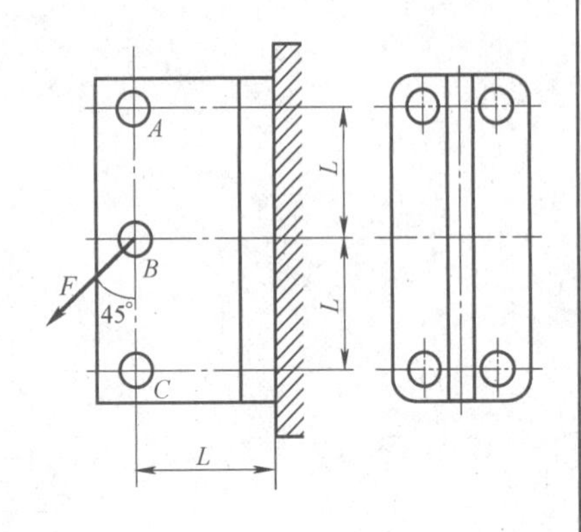

班级		成绩	
姓名		任课教师	
学号		批改日期	

5-57 下图所示的一边板用4个螺栓与立柱相连接，边板所承受的最大载荷为$F_R=12000$N，问：

（1）此连接宜采用普通螺栓还是铰制孔用螺栓？

（2）若采用铰制孔用螺栓，已知螺栓材料的性能等级为6.8级，试确定螺栓的直径及边板的最小厚度。

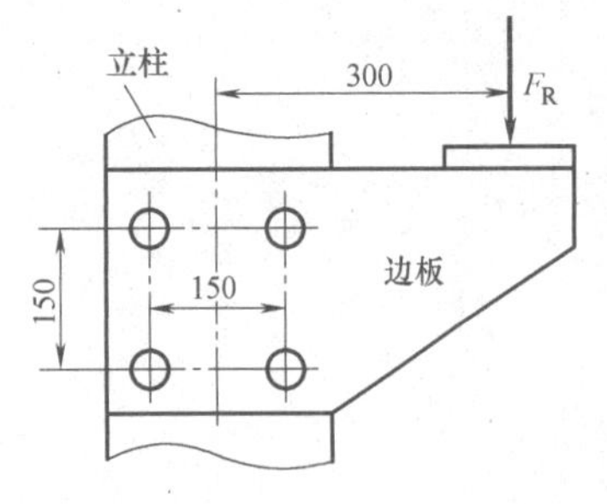

班级		成绩	
姓名		任课教师	
学号		批改日期	

5-58　铰制孔用螺栓组连接的 3 种方案如图所示。已知 $L=400\text{mm}$，$a=80\text{mm}$，试求这 3 种方案中，受力最大的螺栓所受的力各为多少？哪个方案较好？

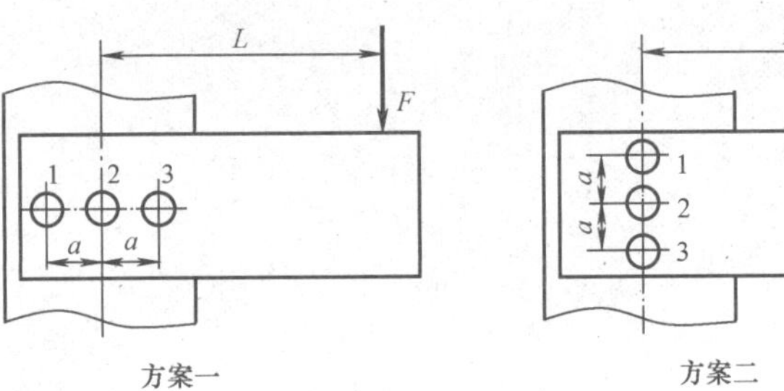

方案一

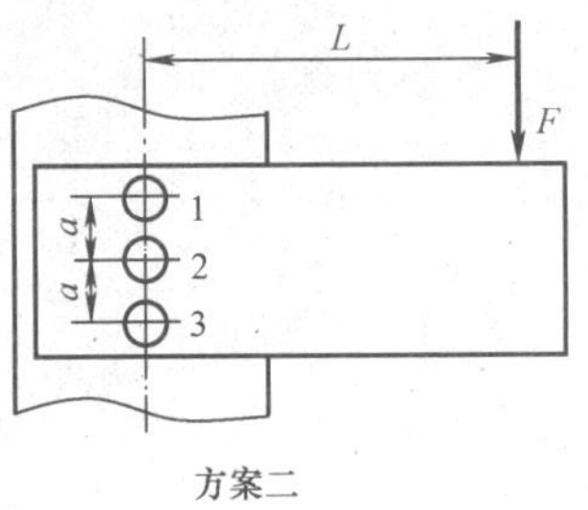

方案二

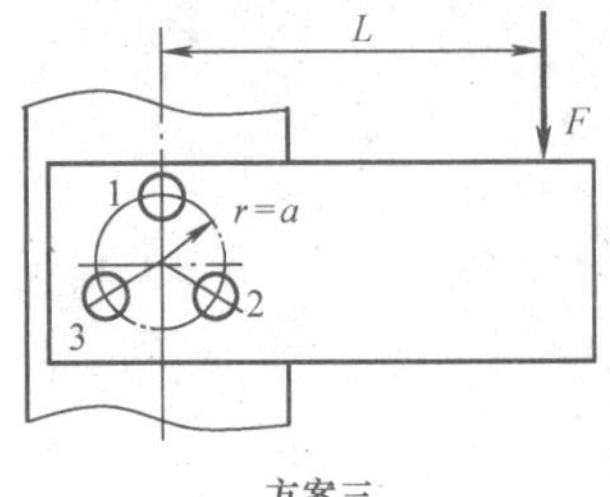

方案三

班级		成绩	
姓名		任课教师	
学号		批改日期	

5-59　下图所示支座用4个普通螺栓固定在地基（混凝土）上，结构尺寸如图所示，静载荷 $F_{\Sigma}=6\text{kN}$，接合面间摩擦系数 $f=0.6$，防滑系数 $K_s=1.2$，螺栓的性能等级为6.8级，装配时控制预紧力。已知螺栓的相对刚度 $C_1/(C_1+C_2)=0.2$，试计算此连接所需的螺栓直径 d 和每个螺栓的预紧力 F_0。

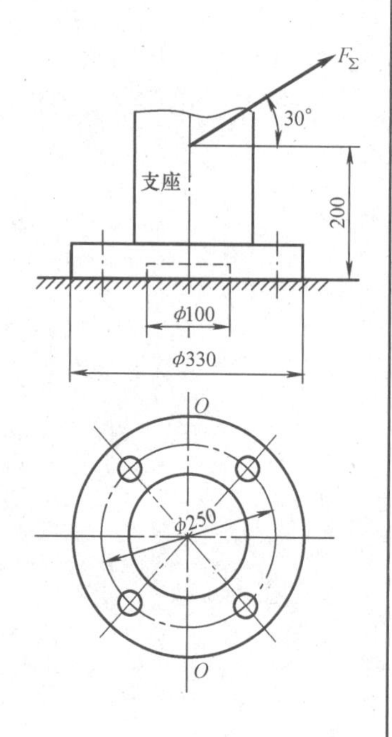

班级		成绩	
姓名		任课教师	
学号		批改日期	

五、结构设计与分析题

5-60　试指出下列结构图中的错误（在错误处标上序号，再按序号说明），并画出正确的结构图。

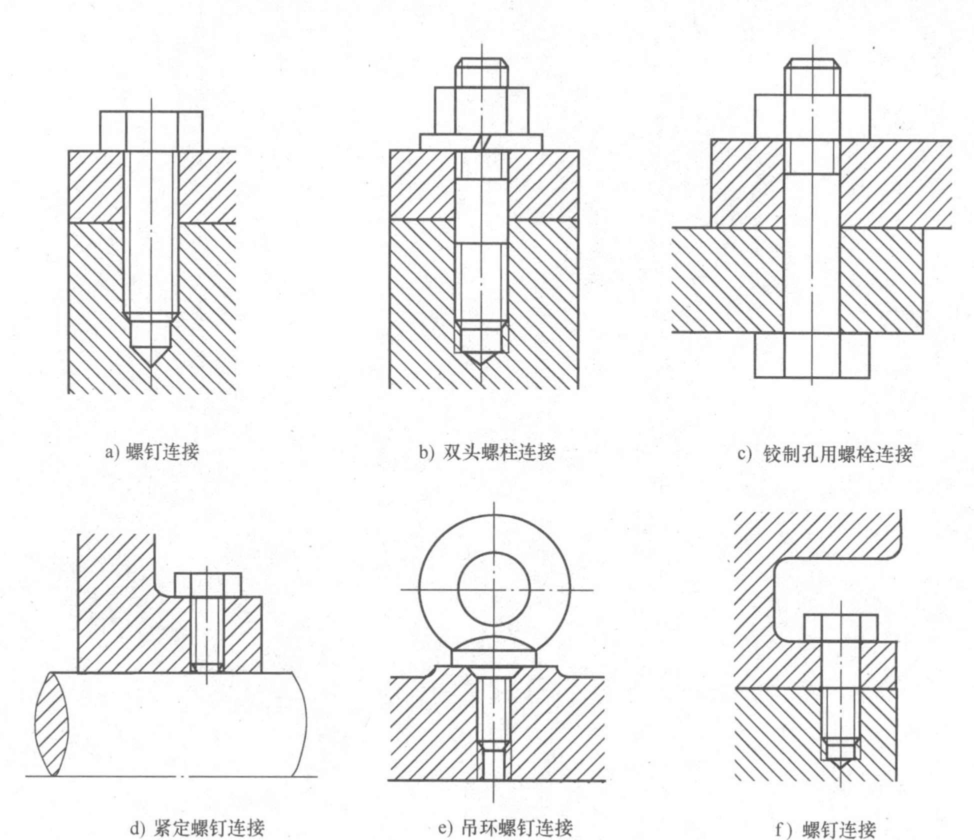

a) 螺钉连接　　b) 双头螺柱连接　　c) 铰制孔用螺栓连接

d) 紧定螺钉连接　　e) 吊环螺钉连接　　f）螺钉连接

班级		成绩	
姓名		任课教师	
学号		批改日期	

第六章 轴毂连接

一、选择题

6-1 普通平键连接的主要用途是使轴与轮毂之间________。

A. 沿轴向固定并传递轴向力 B. 沿轴向可做相对滑动并具有导向作用

C. 沿周向固定并传递周向力 D. 安装与拆卸方便

6-2 设计平键连接时，平键的截面尺寸 $b \times h$ 通常根据________按标准选择；键的长度 L 通常根据________按标准选择。

A. 所传递转矩的大小 B. 所传递功率的大小 C. 轮毂的长度 D. 轴的直径

6-3 当键连接强度不足时可采用双键。使用两个平键时要求两键________布置；使用两个半圆键时要求两键________布置；使用两个楔键时要求两键________布置。

A. 在同一直线上 B. 相隔 90°～120° C. 相隔 180° D. 相隔 120°～130°

6-4 普通平键的承载能力通常取决于________。

A. 键的剪切强度 B. 键的弯曲强度

C. 键连接工作表面挤压强度 D. 轮毂的挤压强度

6-5 当轴做单向回转时，平键的工作面在________，楔键的工作面在键的________。

A. 上、下两面 B. 上表面或下表面 C. 一侧面 D. 两侧面

6-6 能构成紧连接的两种键是________。

A. 楔键和半圆键 B. 半圆键和切向键 C. 楔键和切向键

6-7 一般采用________加工 B 型普通平键的键槽。

A. 指状铣刀 B. 盘形铣刀 C. 插刀

6-8 平键连接能传递的最大转矩为 T。现要传递的转矩为 $1.5T$，则应________。

A. 安装一对平键 B. 键宽 b 增大到 1.5 倍 C. 键长 L 增大到 1.5 倍

6-9 花键连接的主要缺点是________。

A. 应力集中大 B. 成本高 C. 对中性及导向性差

6-10 型面曲线为摆线或等距曲线的型面连接与平键连接相比较，________不是型面连接的优点。

A. 对中性好 B. 轮毂孔的应力集中小 C. 装拆方便 D. 切削加工方便

6-11 影响过盈连接承载能力最为敏感的因素是配合面的________。

A. 直径尺寸 B. 长度尺寸 C. 表面粗糙度 D. 过盈量 E. 摩擦系数

6-12 在过盈连接中，当其他条件相同时，仅将实心轴改为空心轴，则连接所能传递的载荷将________。

A. 增大 B. 不变 C. 减小

二、填空题

6-13 按用途不同，平键可分为________、________、________、________。其中________、________用于静连接，________、________用于动连接。

6-14 平键标记：GB/T 1096 键 B 20×12×80。其中，B 表示______，20×12 表示______，80 表示________________________。

6-15 普通平键连接的主要失效形式是______________________，导向平键连接的主要失效形式是__________________________。

6-16 普通平键连接中，工作面是______，依靠___________传递转矩，键的上表面和轮毂上键槽的底面之间应有________；楔键连接中，工作面是________，依靠__________传递转矩。

6-17 普通平键连接__________能承受轴向力。

6-18 切向键连接中，单向传动采用______个切向键；双向传动采用______个切向键，在圆周上相隔______分布。

6-19 矩形花键连接常采用________定心；渐开线花键连接常采用________定心。

6-20 在矩形花键连接中，现国家标准推荐采用小径定心，其原因是________和________。

班级		成绩	
姓名		任课教师	
学号		批改日期	

三、分析与思考题

6-21 薄形平键连接与普通平键连接相比，在使用场合、结构尺寸和承载能力上有何区别？

6-22 按结构分，普通平键有 A、B、C 三种形式，它们的使用特点各是什么？与之相配的轴上键槽是如何加工的？其工作长度和公称长度之间有什么关系？

6-23 为什么采用两个平键时，通常在轴的圆周上相隔 180°布置；采用两个楔键时，常相隔 90°~120°；而采用两个半圆键时，则布置在轴的同一母线上？

6-24 半圆键连接与普通平键连接相比，有什么优缺点？它适用于什么场合？

6-25 在材料和载荷性质相同的情况下，动连接的许用压力比静连接的许用压力小，试说明原因。

6-26 花键连接的主要失效形式是什么？如何进行强度计算？

班级		成绩	
姓名		任课教师	
学号		批改日期	

6-27　型面连接、弹性环连接的特点分别是什么？

6-28　过盈连接有哪几种装配方法？当过盈量相同时，哪种装配方法的连接紧固性好？

6-29　过盈连接的承载能力是由哪些因素决定的？

6-30　在对过盈连接进行验算时，若发现包容件或被包容件的强度不够时，可采取哪些措施来提高连接强度？

6-31　销有哪几种类型？各用于何种场合？销连接有哪些失效形式？

6-32　一般连接用销、定位用销及安全保护用销在设计计算上有何不同？

班级		成绩	
姓名		任课教师	
学号		批改日期	

四、设计计算题

6-33　下图所示减速器的低速轴与凸缘联轴器及圆柱齿轮之间采用键连接。已知轴传递的转矩 $T=1000\text{N}\cdot\text{m}$，齿轮的材料为锻钢，凸缘联轴器的材料为 HT200，工作时有轻微冲击，连接处轴及轮毂尺寸见图，试选择键的类型和尺寸，并校核连接的强度。

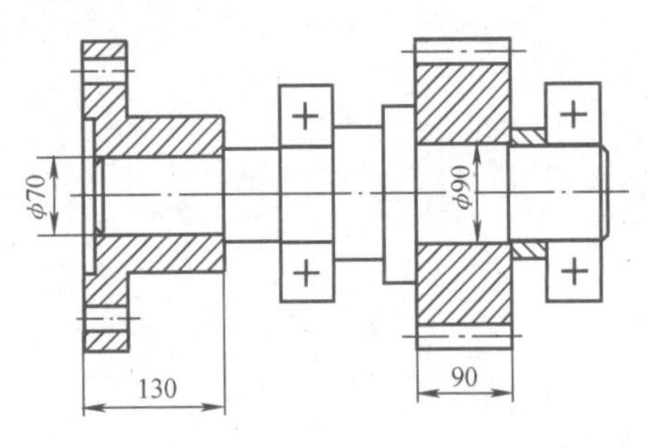

6-34　下图所示为变速箱中的双联滑移齿轮，传递的功率 $P=4.55\text{kW}$，轴的转速 $n=250\text{r/min}$，齿轮在空载下移动，工作情况良好，试选择花键的类型和尺寸，并校核其连接强度。

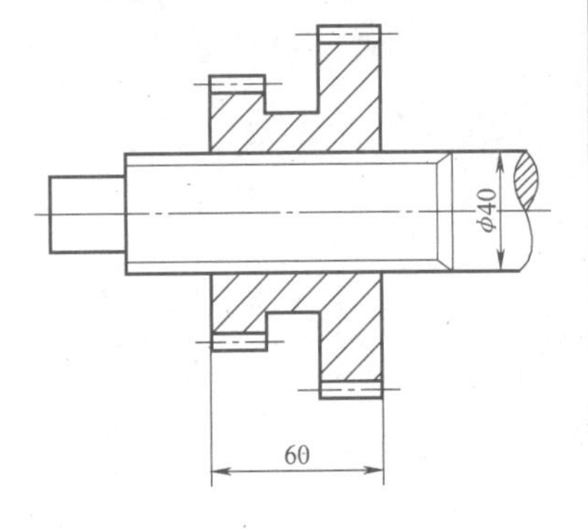

班级		成绩	
姓名		任课教师	
学号		批改日期	

6-35　铸锡磷青铜蜗轮轮圈与铸钢轮芯采用过盈连接，尺寸如图所示，采用 H7/s6 配合，配合表面的表面粗糙度 Ra 均为 0.8μm，摩擦系数 $f=0.1$。设连接零件本身的强度足够，试求：

（1）用压入法装配时，该连接允许传递的最大转矩是多少？

（2）用胀缩法装配时，该连接允许传递的最大转矩是多少？

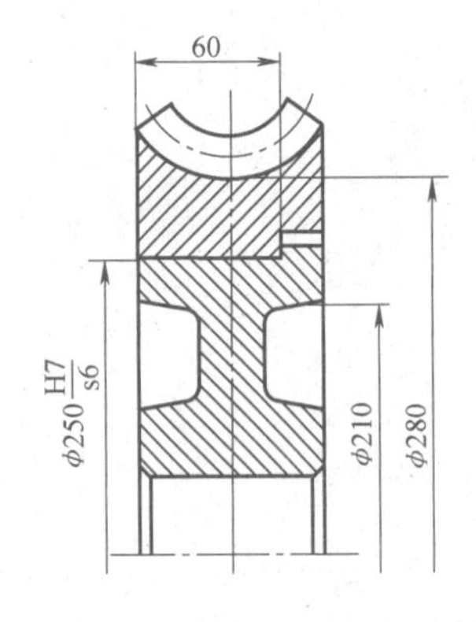

6-36　小齿轮与轴为过盈连接，尺寸如下图所示，材料均为 45 钢，采用 H7/p6 配合，孔与轴配合表面的表面粗糙度 Ra 均为 0.8μm，用压入法装配，试求：

（1）配合表面间单位面积上的最大压力；

（2）所需的最大压入力；

（3）各零件中的最大应力。

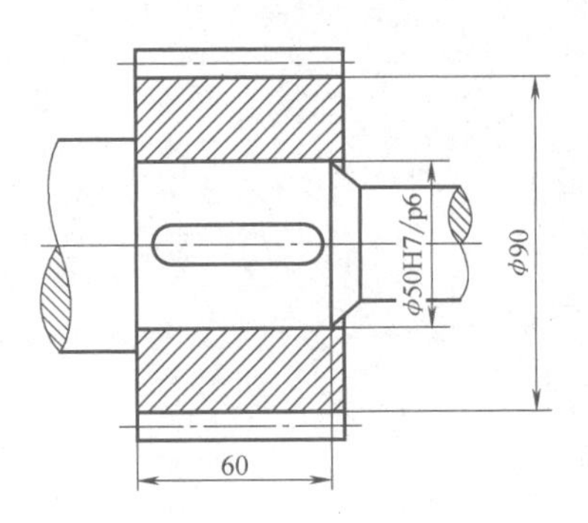

班级		成绩	
姓名		任课教师	
学号		批改日期	

五、结构设计与分析题

6-37　试指出下图中的错误结构，并画出正确的结构图（在原图上改正）。

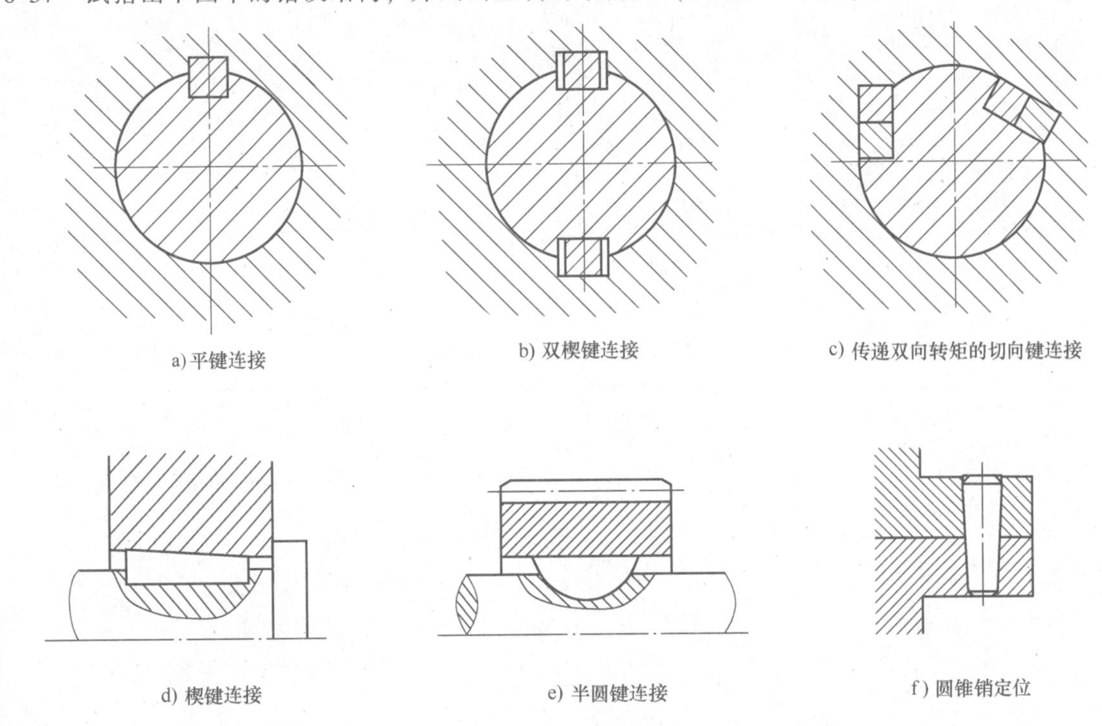

a) 平键连接　b) 双楔键连接　c) 传递双向转矩的切向键连接

d) 楔键连接　e) 半圆键连接　f) 圆锥销定位

6-38　已知下图所示的轴伸长度为 72mm，直径 d 为 40mm，配合公差为 H7/k6，采用 A 型普通平键连接，试确定图中各结构尺寸、尺寸公差、表面粗糙度和几何公差（一般键连接）。

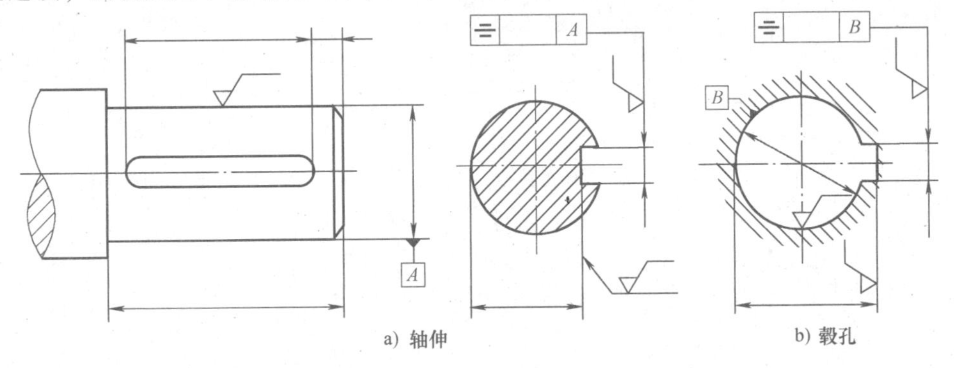

a) 轴伸　b) 毂孔

班级		成绩	
姓名		任课教师	
学号		批改日期	

第七章　焊接、铆接和胶接

一、选择题

7-1　在变载荷作用下，选用图________所示的焊缝结构比较合理。

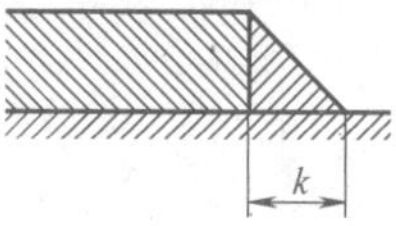

A 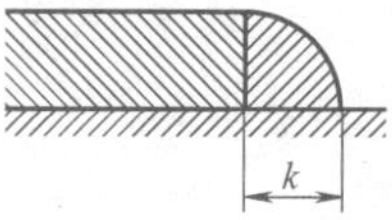　　B 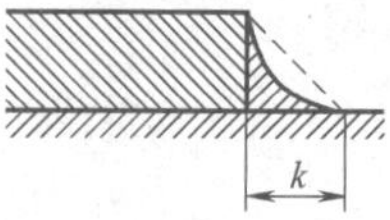　　C 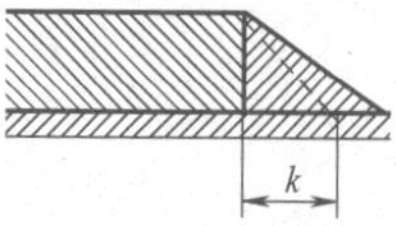　　D

7-2　沿受载方向，同一列的铆钉数目不宜过多，这是由于________。

A. 被铆件强度削弱　B. 铆钉强度降低　C. 铆钉受力不均　D. 加工不便

二、填空题

7-3　电弧焊缝大体上可分为__________与__________两类，前者用于连接__________的被焊件，后者用于连接__________的被焊件。

7-4　设计胶接接头时，应尽可能使胶缝承受__________或__________载荷。

三、分析与思考题

7-5　焊接接头和焊缝有哪些形式？各应用在什么场合？

7-6　什么叫焊缝的强度系数？怎样才能使对接焊缝的强度不低于母板的强度？

7-7　在什么情况下采用不对称侧面焊缝？如何分配两侧焊缝的长度？

7-8　铆缝有哪些类型？各应用在什么场合？

7-9　铆钉连接的破坏形式有哪些？怎样校核铆缝的强度？

班级		成绩	
姓名		任课教师	
学号		批改日期	

7-10　与铆接和焊接相比较，胶接的主要优、缺点是什么？

7-11　胶粘剂通常分为哪几类？各适用于什么场合？

四、设计计算题

7-12　焊接接头如下图所示，被焊件材料均为 Q235 钢，$b=170\text{mm}$，$b_1=80\text{mm}$，$\delta=12\text{mm}$，承受静载荷 $F=400\text{kN}$。设用 E4303 号焊条，采用焊条电弧焊，试校核该接头的强度。

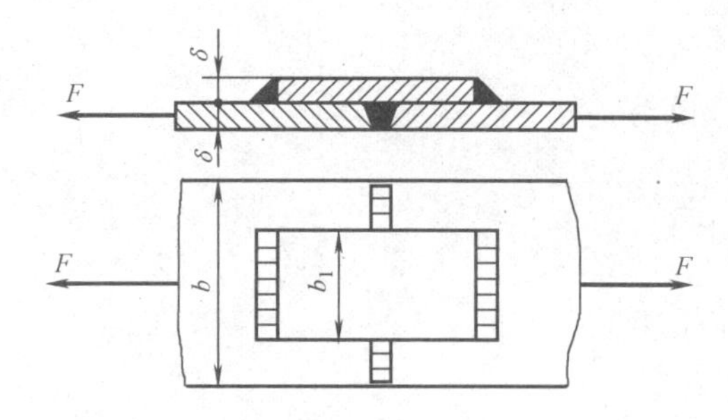

7-13　下图所示的铆接接头承受静载荷 $F=200\text{kN}$，铆钉材料为 Q215 钢，被铆件材料为 Q235 钢，宽度 $b=180\text{mm}$，厚度 $\delta=10\text{mm}$，钉孔是在两被铆件上分别按样板钻出的孔。设铆钉直径 $d=2\delta$，节距 $t=3d$，边距 $e=2.5d$，试校核该铆缝的强度。

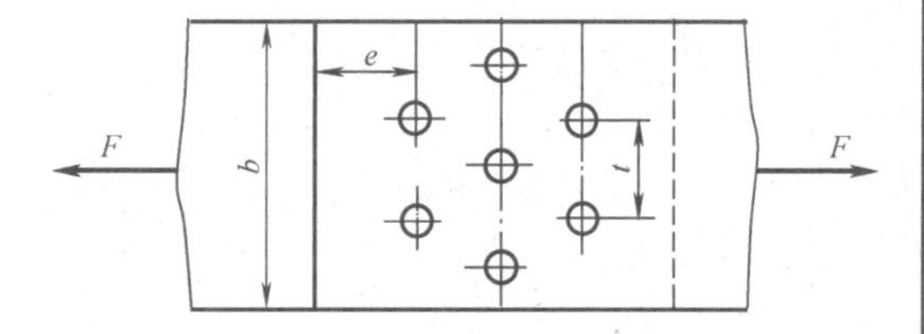

班级		成绩	
姓名		任课教师	
学号		批改日期	

第八章　带　传　动

一、选择题

8-1　V带传动主要依靠________传递运动和动力。

A. 紧边拉力　B. 松边拉力　C. 带的预紧力　D. 带和带轮接触面间的摩擦力

8-2　V带传动正常工作时，紧边拉力 F_1 和松边拉力 F_2 满足关系________。

A. $F_1=F_2$　B. $F_1+F_2=F_0$　C. $\dfrac{F_1-qv^2}{F_2-qv^2}=e^{f_v\alpha}$　D. $F_1-F_2=F_e$

8-3　V带传动的传动比和小带轮的直径一定时，若增大中心距，则带在小带轮上的包角将________。

A. 增大　B. 减小　C. 不变　D. 无法确定

8-4　带传动中，主动轮圆周速度 v_1，从动轮圆周速度 v_2，带速 v，它们之间的关系是________。

A. $v_1=v_2=v$　B. $v_1>v>v_2$　C. $v_1<v<v_2$　D. $v>v_1>v_2$

8-5　V带传动设计中，是根据________选取V带型号的。

A. 带的线速度　B. 带的有效拉力　C. 计算功率和小轮转速

8-6　带传动正常工作时，小带轮上的滑动角________小带轮的包角。

A. 大于　B. 小于　C. 小于或等于　D. 大于或等于

8-7　V带传动中，带每转一转，带中的应力是________。

A. 有规律变化的　B. 无规律变化的　C. 不变的

8-8　带传动中，若小带轮为主动轮，则带的最大应力发生在带________处。

A. 刚进入主动轮　B. 刚进入从动轮　C. 刚退出主动轮　D. 刚退出从动轮

8-9　在主动轮（小带轮）转速不变的前提下，________方法可以提高V带传递功率的能力。

A. 减小初拉力 F_0　B. 减小中心距 a

C. 增加带轮表面粗糙度　D. 增大小带轮直径

8-10　用________提高带传动的传递功率是不合适的。

A. 适当增大初拉力 F_0　B. 增大中心距 a

C. 增加带轮表面粗糙度　D. 增大小带轮直径

8-11　带传动正常工作时，不能保证准确的传动比是因为________。

A. 带的材料不符合胡克定律　B. 带容易变形和磨损

C. 带在带轮上打滑　D. 带的弹性滑动

8-12　与平带传动相比较，V带传动的优点是________。

A. 传动效率高　B. 带的寿命长　C. 带的价格便宜　D. 承载能力大

8-13　V带传动中，其主要失效形式为________。

A. 打滑　B. 弹性滑动　C. 疲劳失效　D. A和B

E. A和C　F. A、B和C

8-14　V带传动设计中，选取小带轮基准直径的依据是________。

A. 带的型号　B. 带的速度

C. 主动轮转速　D. 传动比

班级		成绩	
姓名		任课教师	
学号		批改日期	

8-15 V带传动中，若带的横截面的楔角为40°，则带轮的轮槽角应________40°。

A. 大于　B. 小于　C. 等于　D. 不确定

8-16 同一V带传动，若主动轮转速不变，用于减速（小带轮主动）比用于增速（大带轮主动）所能传递的功率________。

A. 大　B. 小　C. 相等　D. 不确定

8-17 下图所示为普通V带传动，张紧轮安装的最合适位置是________图。

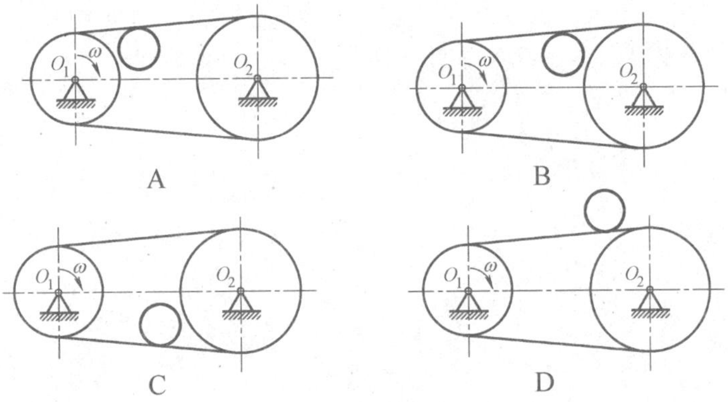

A

B

C

D

二、填空题

8-18 在平带或V带传动中，影响最大有效圆周力 F_{ec} 的因素是________________、________________和________________。

8-19 V带传动过程中，带的内应力有____________、____________、____________，最大应力 σ_{max} = ____________，发生在________________。

8-20 V带传动中，限制小带轮的最小直径 $d_{d1} \geqslant d_{dmin}$，其目的是________________、________________。

8-21 带传动中，带的张紧方法有________和________两类。

8-22 带传动过载打滑时，打滑现象首先发生在________带轮上，其原因是________。

8-23 在带、链和齿轮组成的多级传动中，带传动应布置在高速级，其原因是________________________________。

8-24 带传动的主要失效形式为________和________，其设计准则为________________________________。

8-25 在带传动中，带弹性滑动发生的原因是____。

8-26 带传动中，带的离心拉力发生在________________带中。

三、分析与思考题

8-27 在相同的条件下，为什么V带比平带的传动能力大？

班级		成绩	
姓名		任课教师	
学号		批改日期	

8-28　带传动设计时，为什么要限制其最小中心距和最大传动比？

8-29　在普通 V 带传动中，为什么一般推荐使用的带速为 $5\mathrm{m/s} \leqslant v \leqslant 25\mathrm{m/s}$？

8-30　带传动的主要失效形式是什么？带传动的设计准则是什么？

8-31　增大初拉力可以使带与带轮间的摩擦力增大，但为什么带传动中不能过大地增加初拉力来提高带的传动能力，而是把初拉力控制在一定数值上？

8-32　为什么要对 V 带的根数加以限制？为什么在计算 V 带根数 Z 时要考虑单根普通 V 带额定功率增量 ΔP_0？它与什么因素有关？

班级		成绩	
姓名		任课教师	
学号		批改日期	

8-33　一普通V带传动，小带轮基准直径 $d_{d1}=100mm$，大带轮基准直径 $d_{d2}=150mm$，在传动一定功率情况下发生打滑。后改用 $d_{d1}=150mm$，$d_{d2}=225mm$，其他条件不变，传动可以正常工作，试分析原因。

8-34　一普通V带传动，有4根B型带。已求得其极限总摩擦力 $F_{ec}=2000N$，小带轮基准直径 $d_{d1}=125mm$。当带速 $v=8m/s$ 时，要求传递的功率 $P=16.8kW$，试问：此传动能否正常工作？若不能正常工作，在保持小带轮转速不变的条件下，可采取哪些措施使传动能正常工作？(要求说出3种措施。)

8-35　某带传动由变速电动机驱动，大带轮输出转速的变化范围为500～1000r/min。若大带轮上的负载为恒功率负载，应该按哪一种转速设计带传动？若大带轮上的负载为恒转矩负载，应该按哪一种转速设计带传动？为什么？

班级		成绩	
姓名		任课教师	
学号		批改日期	

8-36 为得到不同的传动比，采用下图所示的宝塔轮，分别由轮1和2、轮3和4组成带传动，各轮直径为 $d_{d1}=d_{d4}$、$d_{d3}=d_{d2}$，材料相同。轴Ⅰ为主动轴且转速 $n_{Ⅰ}$ 一定，试分析哪一对带传动允许传递的功率大；又若轴Ⅱ为恒功率负载，应该按哪一对带传动进行设计？为什么？

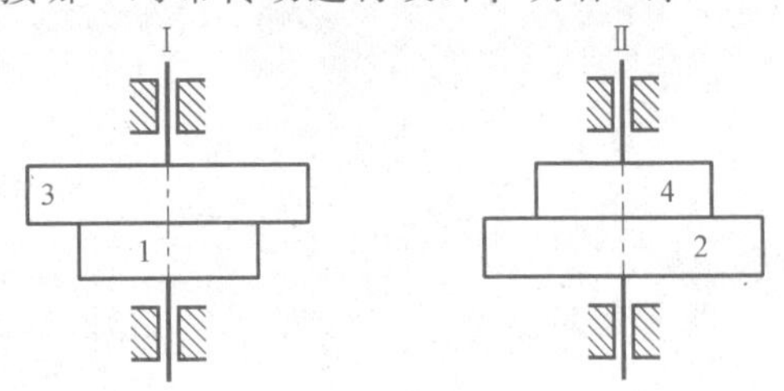

8-37 下图所示为带式输送机装置，小带轮基准直径 $d_{d1}=140\text{mm}$，大带轮基准直径 $d_{d2}=400\text{mm}$，鼓轮直径 $D=250\text{mm}$。为了提高生产率，拟在输送机载荷不变（即拉力 F 不变）的条件下，将输送带的速度 v 提高。假设电动机的功率和减速器的强度足够，且更换大、小带轮后引起中心距的变化对传递功率的影响可忽略不计。为了实现这一增速要求，试分析采用下列哪种方案更为合理？为什么？

（1）大带轮基准直径 d_{d2} 减小到280mm；

（2）小带轮基准直径 d_{d1} 增大到200mm；

（3）鼓轮直径 D 增大到355mm。

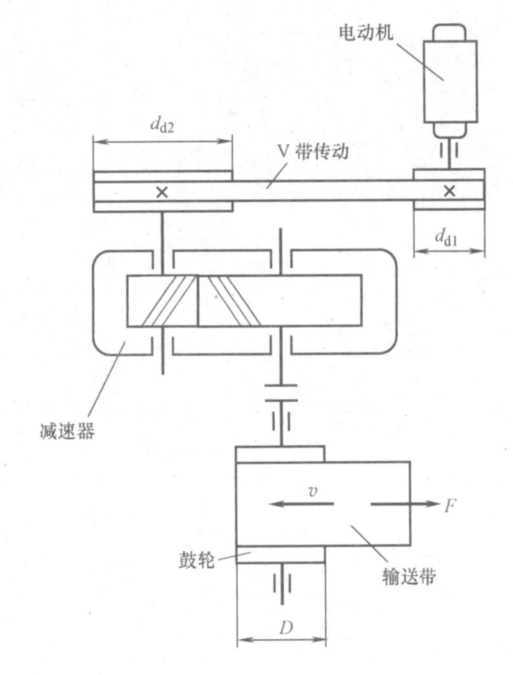

班级		成绩	
姓名		任课教师	
学号		批改日期	

四、设计计算题

8-38　有一单根普通 V 带传动的初拉力 $F_0=500\text{N}$，传递功率 $P=4\text{kW}$，主动轮（小带轮）的基准直径 $d_{d1}=160\text{mm}$，转速 $n_1=1000\text{r/min}$，小带轮的包角 $\alpha_1=150°$，V 带与带轮间的当量摩擦系数 $f_v=0.5$，V 带每米长度的质量 $q=0.17\text{kg/m}$，试求：

（1）V 带的紧边拉力 F_1、松边拉力 F_2；

（2）V 带能传递的最大圆周力 F_{ec}、最大功率 P_{max}。

8-39　下图所示为一普通 V 带传动，B 型带。已知主动带轮基准直径 $d_{d1}=125\text{mm}$，从动带轮基准直径 $d_{d2}=280\text{mm}$，$F_0=1100\text{N}$，主动带轮转速 $n_1=1440\text{r/min}$，传递功率 $P=11\text{kW}$，试求：

（1）V 带中的各应力值（σ_1、σ_2、σ_{b1}、σ_{b2}和 σ_c）以及最大应力 σ_{max}；

（2）在图中示意画出 V 带的应力分布图。

附：V 带的弹性模量 $E=165\text{MPa}$，B 型带的截面积 $A=138\text{mm}^2$。

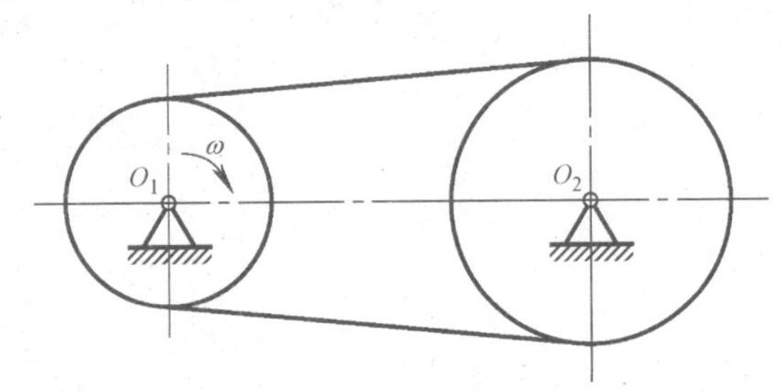

班级		成绩	
姓名		任课教师	
学号		批改日期	

8-40 现设计一机械传动系统，该系统部分由普通 V 带传动和齿轮传动组成。齿轮传动采用标准齿轮减速器。原动机为电动机，额定功率 $P=7.5\text{kW}$，转速 $n_1=1460\text{r/min}$；减速器输入轴转速为 $n_2=400\text{r/min}$，允许传动比误差为 ±3%，两班制工作，中等冲击，要求中心距不大于 1000mm，试设计此普通 V 带传动。

班级		成绩	
姓名		任课教师	
学号		批改日期	

8-41　设计一破碎机用普通 V 带传动。已知传递的功率为 $P=14\mathrm{kW}$，转速 $n_1=1440\mathrm{r/min}$，传动比 $i_{12}=2.5$，允许传动比误差为 ±3%，两班制工作，中等冲击，要求中心距不大于 800mm。

班级		成绩	
姓名		任课教师	
学号		批改日期	

五、结构设计与分析题

8-42 下图所示为带传动的张紧方案，试指出该方案的不合理之处，并改正。

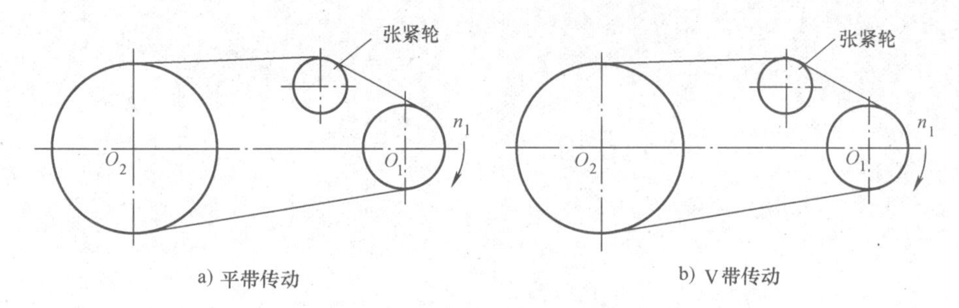

a) 平带传动　　b) V带传动

8-43 试指出下图中不合理处，并改正。

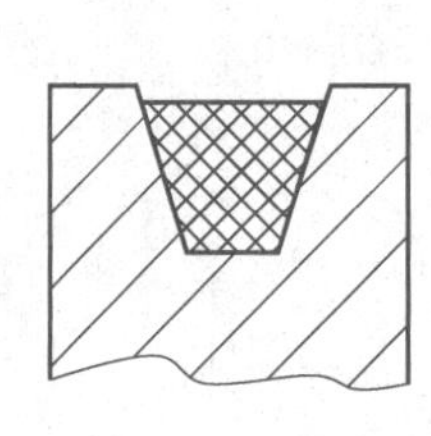

a) 普通V带

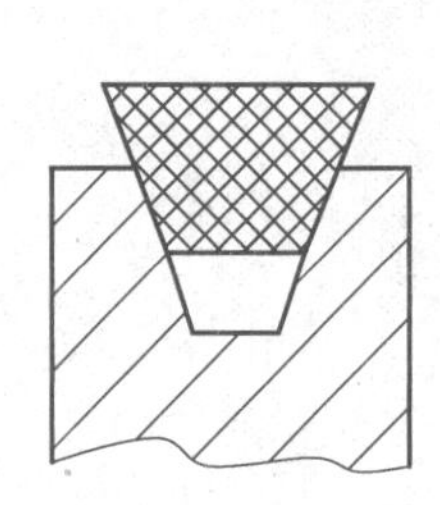

b) 普通V带

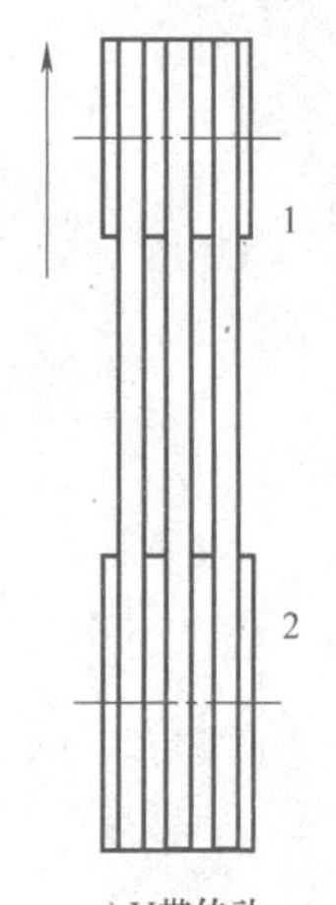

c) V带传动
(水平布置，带轮1为主动轮)

班级		成绩	
姓名		任课教师	
学号		批改日期	

第九章 链 传 动

一、选择题

9-1 链传动中，当其他条件不变时，传动的平稳性随链条节距 p 的________。

A. 减小而提高　B. 减小而降低　C. 增大而提高　D. 增大而不变

9-2 链传动中，链节数一般应取偶数，其目的是________。

A. 提高平稳性　B. 避免使用过渡链节　C. 提高链速　D. 减小链条磨损

9-3 为了限制链传动的动载荷，在节距 p 和小链轮的齿数 z_1 一定时，应限制________。

A. 小链轮的转速 n_1　B. 传递的功率 P　C. 链条的速度 v

9-4 滚子链传动中，应尽量避免使用过渡链节，这主要是因为________。

A. 制造困难　B. 装配困难　C. 过渡链节的链板要承受附加弯曲载荷

9-5 对于高速重载的链传动，应选取________链条。

A. 大节距单排　B. 小节距单排　C. 小节距多排

9-6 两轮轴线在同一水平面的链传动，布置时应使链条的紧边在上，松边在下，这样______。

A. 松边下垂后不致与紧边相碰　B. 可减小链条的磨损

C. 可使链传动达到张紧的目的

9-7 链条由于静强度不够而被拉断的现象，多发生在________的情况下。

A. 低速重载　B. 高速重载　C. 高速轻载　D. 低速轻载

9-8 与齿轮传动相比较，链传动的主要特点之一是________。

A. 适合于高速　B. 制造成本高　C. 安装精度要求低　D. 有过载保护

9-9 链传动只能用于轴线________的传动。

A. 相交 90°　B. 相交或任意交角　C. 空间 90°交错　D. 平行

9-10 链传动张紧的目的是________。

A. 提高链的工作能力　B. 避免松边垂度过大

C. 增加小链轮包角　D. 保证链条的初拉力

9-11 在传递功率和速度相同的条件下，链传动压轴力要比带传动小，这主要是因为________。

A. 链的质量大，离心力大

B. 啮合传动不需要很大的初拉力

C. 在传递同样功率时，圆周力小

D. 这种传动只用来传递小功率

班级		成绩	
姓名		任课教师	
学号		批改日期	

二、填空题

9-12 滚子链由滚子、套筒、销轴、内链板和外链板所组成，其中________之间、________之间分别为过盈配合，而________之间、________之间分别为间隙配合。

9-13 在链传动中，链轮的转速________，节距________，齿数________，则链传动的动载荷越大。

9-14 链传动中，最适宜的中心距为________ p（p 为链节距）。

9-15 设计图样上注明某链条的标记为：20A-2 GB/T 1243—2006，其中“20A”表示________，“2”表示________。

9-16 对于链速 $v < 0.6\text{m/s}$ 的低速链传动，其主要失效形式为________，应按________强度条件进行计算。

三、分析与思考题

9-17 在链传动中为何小链轮齿数 z_1 不宜过少？而大链轮齿数 z_2 不宜过多？

9-18 链传动有哪几种主要的失效形式？

9-19 与带传动相比，链传动有哪些优缺点？

9-20 链传动产生动载荷的原因及影响因素有哪些？

9-21 为了减小链传动中的动载荷，应如何选取小链轮的齿数和链条节距？

班级		成绩	
姓名		任课教师	
学号		批改日期	

9-22　有一链传动，小链轮 1 为主动轮，转速 $n_1=600\mathrm{r/min}$，齿数 $z_1=21$，$z_2=60$。现因工作需要，拟将大链轮 2 的转速降低到 $n_2\approx180\mathrm{r/min}$，忽略链条长度变化的影响，问：

（1）若从动轮的齿数 z_2 不变，应将主动轮的齿数 z_1 减少到多少？此时链条所能传递的功率有何变化？

（2）若主动轮的齿数 z_1 不变，应将从动轮的齿数 z_2 增加到多少？此时链条所能传递的功率有何变化？

四、设计计算题

9-23　一链式运输机驱动装置采用套筒滚子链传动，链节距 $p=25.4\mathrm{mm}$，主动链轮齿数 $z_1=17$，从动链轮齿数 $z_2=69$，主动链轮转速 $n_1=720\mathrm{r/min}$，试求：

（1）链条的平均速度 v；

（2）链条的最大速度 $v_{\max}$ 和最小速度 $v_{\min}$；

（3）平均传动比 i_{12}。

（计算值精确到小数点后两位）

班级		成绩	
姓名		任课教师	
学号		批改日期	

9-24　有一单排滚子链传动，小链轮 1 为主动轮，链轮齿数 $z_1=21$，$z_2=105$，链型号为 20A，$n_1=600\text{r/min}$，中等冲击，中心距 $a=900\text{mm}$，试求此链传动允许传递的最大功率 P_{max}。

9-25　试设计一输送装置用的滚子链传动。已知主动轮转速 $n_1=480\text{r/min}$，传递功率 $P=11\text{kW}$，传动比 $i_{12}=3.2$，原动机为电动机，工作载荷冲击较大，中心距不大于 1000mm（要求中心距可以调节），水平布置。

班级		成绩	
姓名		任课教师	
学号		批改日期	

9-26 设计一输送装置用的滚子链传动。已知传递功率 $P=13.2\text{kW}$，主动轮转速 $n_1=960\text{r/min}$，从动轮转速 $n_2=300\text{r/min}$，原动机为电动机，工作载荷平稳。

班级		成绩	
姓名		任课教师	
学号		批改日期	

五、结构设计与分析题

9-27　在下图所示的链传动中，小链轮为主动轮，中心距 $a=(30\sim50)p$，试问：

（1）在图 a、b 所示布置中应按哪个方向转动才算合理？

（2）图 c 中两轮轴线布置在同一铅垂面内有什么缺点？应采取什么措施？

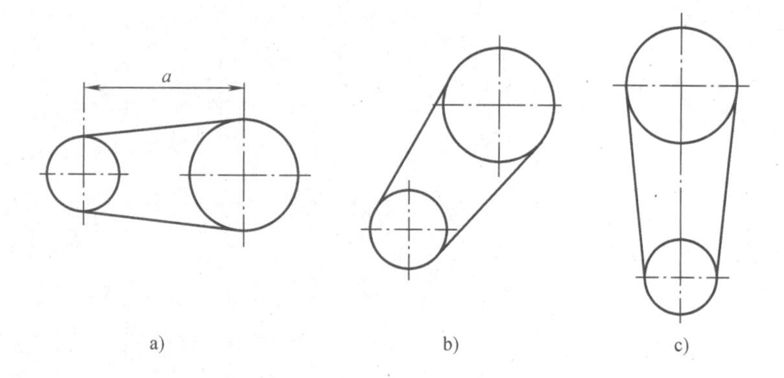

a)　　b)　　c)

班级		成绩	
姓名		任课教师	
学号		批改日期	

第十章　齿轮传动

一、选择题

10-1　在齿轮传动设计计算中，对下列参数和尺寸应标准化的有________；应圆整的有________；没有标准化也不应圆整的有________。

A. 斜齿轮的法面模数 m_n　B. 斜齿轮的端面模数 m_t　C. 直齿轮中心距 a

D. 斜齿轮中心距 a　E. 齿宽 B　F. 齿厚 s　G. 分度圆压力角 α

H. 斜齿轮螺旋角 β　I. 锥距 R　J. 齿顶圆直径 d_a

10-2　材料为 20Cr 钢的硬齿面齿轮，适宜的热处理方法是________。

A. 整体淬火　B. 渗碳淬火　C. 调质　D. 表面淬火

10-3　将材料为 45 钢的齿轮毛坯加工成 6 级精度的硬齿面直齿圆柱齿轮，该齿轮制造工艺顺序应是__________。

A. 滚齿、表面淬火、磨齿　B. 滚齿、磨齿、表面淬火

C. 表面淬火、滚齿、磨齿　D. 滚齿、调质、磨齿

10-4　为了提高齿轮传动的齿面接触强度，应__________。

A. 分度圆直径不变，增大模数　B. 增大分度圆直径

C. 分度圆直径不变，增加齿数　D. 减小齿宽

10-5　为了提高齿轮齿根弯曲疲劳强度，应________。

A. 增大模数　B. 减小分度圆直径　C. 增加齿数　D. 减小齿宽

10-6　一对减速齿轮传动，主动轮 1 和从动轮 2 的材料、热处理及齿面硬度均相同，则两轮齿根的弯曲应力________。

A. $\sigma_{F1} > \sigma_{F2}$　B. $\sigma_{F1} < \sigma_{F2}$　C. $\sigma_{F1} = \sigma_{F2}$

10-7　一对减速齿轮传动，小齿轮 1 选用 45 钢调质，大齿轮 2 选用 45 钢正火，它们的齿面接触应力________。

A. $\sigma_{H1} > \sigma_{H2}$　B. $\sigma_{H1} < \sigma_{H2}$　C. $\sigma_{H1} = \sigma_{H2}$

10-8　一对标准圆柱齿轮传动，若大、小齿轮的材料或热处理方法不同，则工作时，两齿轮间的应力关系属于下列________种。

A. $\sigma_{H1} \neq \sigma_{H2}$，$\sigma_{F1} \neq \sigma_{F2}$，$[\sigma_{H1}] = [\sigma_{H2}]$，$[\sigma_{F1}] = [\sigma_{F2}]$

B. $\sigma_{H1} = \sigma_{H2}$，$\sigma_{F1} = \sigma_{F2}$，$[\sigma_{H1}] \neq [\sigma_{H2}]$，$[\sigma_{F1}] \neq [\sigma_{F2}]$

C. $\sigma_{H1} = \sigma_{H2}$，$\sigma_{F1} \neq \sigma_{F2}$，$[\sigma_{H1}] \neq [\sigma_{H2}]$，$[\sigma_{F1}] \neq [\sigma_{F2}]$

D. $\sigma_{H1} \neq \sigma_{H2}$，$\sigma_{F1} = \sigma_{F2}$，$[\sigma_{H1}] \neq [\sigma_{H2}]$，$[\sigma_{F1}] \neq [\sigma_{F2}]$

（σ_H、σ_F、$[\sigma_H]$、$[\sigma_F]$ 分别为齿轮的接触应力、弯曲应力、许用接触应力、许用弯曲应力）

10-9　一对正确啮合的标准渐开线齿轮做减速传动时，若两轮的材料、热处理及齿面硬度均相同且寿命系数 $K_{N1} = K_{N2}$，则两轮的弯曲疲劳强度一般是________。

A. 大齿轮较高　B. 小齿轮较高　C. 相同

10-10　一对正确啮合的标准渐开线齿轮做减速传动，若两轮的许用接触应力 $[\sigma_{H1}] = [\sigma_{H2}]$，则两轮的接触强度________。

A. 大齿轮较高　B. 小齿轮较高　C. 相同

班级		成绩	
姓名		任课教师	
学号		批改日期	

10-11　有两个标准直齿圆柱齿轮，齿轮 1 的模数 $m_1=5\text{mm}$，齿数 $z_1=25$；齿轮 2 的模数 $m_2=3\text{mm}$，齿数 $z_2=25$，它们的齿形系数________。

A. $Y_{\text{Fa1}}>Y_{\text{Fa2}}$　　B. $Y_{\text{Fa1}}<Y_{\text{Fa2}}$　　C. $Y_{\text{Fa1}}=Y_{\text{Fa2}}$

10-12　有两个标准直齿圆柱齿轮，齿轮 1 的模数 $m_1=5\text{mm}$，齿数 $z_1=30$；齿轮 2 的模数 $m_2=3\text{mm}$，齿数 $z_2=50$，则齿形系数和应力校正系数的乘积 $Y_{\text{Fa1}}Y_{\text{Sa1}}$________$Y_{\text{Fa2}}Y_{\text{Sa2}}$。

A. 大于　　B. 等于　　C. 小于　　D. 不一定大于、等于或小于

10-13　A、B 两对齿轮传动，齿面硬度和齿宽相同，A 对齿轮对称布置，B 对齿轮悬臂布置，它们的齿向载荷分布系数 K_β 的关系是________。

A. $K_{\beta\text{A}}>K_{\beta\text{B}}$　　B. $K_{\beta\text{A}}<K_{\beta\text{B}}$　　C. $K_{\beta\text{A}}=K_{\beta\text{B}}$　　D. $K_{\beta\text{A}}\geqslant K_{\beta\text{B}}$

10-14　对于重要的齿轮传动，可将齿顶进行修缘，其目的是________。

A. 减小齿间载荷分配不均　　B. 减小齿向载荷分配不均　　C. 减小附加动载荷

10-15　在齿轮传动中，将齿轮轮齿加工成鼓形齿的目的是________。

A. 减小动载荷　　B. 改善载荷沿齿向分布不均　　C. 提高齿轮的传动精度

10-16　在齿轮传动中，动载系数 K_v 主要是考虑________因素对齿轮传动的影响。

A. 齿轮副的制造和安装误差　　B. 轮齿受载后变形而引起的啮合误差

C. 双齿啮合时的载荷分配不均　　D. A 和 B

10-17　齿轮接触强度计算中的材料弹性系数 Z_E 反映了________对齿面接触应力的影响。

A. 齿轮副材料的弹性模量和泊松比　　B. 齿轮副材料的弹性极限

C. 齿轮副材料的强度极限　　D. 齿轮副材料的硬度

10-18　对于闭式软齿面齿轮传动，在传动尺寸不变并满足弯曲疲劳强度的前提下，齿数宜适当取多些，其目的是________。

A. 提高轮齿的弯曲强度　　B. 提高齿面的接触强度

C. 提高传动的平稳性

10-19　对于闭式硬齿面齿轮传动，宜取较少齿数以增大模数，其目的是________。

A. 提高齿面接触强度　　B. 减小滑动系数，提高传动效率

C. 减小轮齿的切削量　　D. 保证轮齿的弯曲强度

10-20　设计一对齿数不同的齿轮传动，若需校核其弯曲强度，一般__________。

A. 应对大、小齿轮分别校核　　B. 一只校核小齿轮

C. 只校核大齿轮　　D. 校核哪一个齿轮，无法判断

10-21　在齿轮传动中，为减小动载荷，可采取的措施是________。

A. 改用好材料　　B. 提高齿轮制造精度

C. 降低润滑油黏度　　D. 加大模数

10-22　直齿锥齿轮传动的强度计算方法是以________的当量圆柱齿轮为基础。

A. 大端　　B. 小端　　C. 齿宽中点处

二、填空题

10-23　对于齿轮材料的基本要求是：齿面__________，齿芯__________。齿轮传动中，软、硬齿面是以__________来划分的。当__________时为软齿面，一般取小、大齿轮的硬度差 $\text{HBW}_1-\text{HBW}_2$ 为__________，其原因是________________________；当__________时为硬齿面，一般取小、大齿轮的硬度 HBW_1 __________ HBW_2。

班级		成绩	
姓名		任课教师	
学号		批改日期	

10-24 在齿轮传动中，获得软齿面的热处理方式有________、________，获得硬齿面的热处理方式有________、________、________等。

10-25 一般参数的闭式软齿面齿轮传动的主要失效形式是________，闭式硬齿面齿轮传动的主要失效形式是________，开式齿轮传动的主要失效形式是________，高速重载齿轮传动，当润滑不良时最可能出现的失效形式是________。

10-26 在闭式软齿面齿轮传动中，齿面疲劳点蚀常先出现在____________处，其原因是该处________________________、________________________。

10-27 在推导轮齿齿根弯曲疲劳应力计算公式时，其计算模型是________________________，设计的主要参数是____________________。一对齿轮传动中，大、小齿轮的弯曲应力____________________。

10-28 齿轮齿面接触应力计算公式是在____________公式的基础上推导出来的，影响齿面接触应力最主要的参数是____________。一对标准齿轮传动，若中心距、传动比等其他条件保持不变，仅增大齿数 z_1，而减小模数 m，则齿轮的齿面接触疲劳强度________。

10-29 渐开线齿轮的齿形系数 Y_{Fa} 的物理意义是____________________，标准直齿圆柱齿轮的 Y_{Fa} 值只与齿轮的____________有关。设有齿数相同的 A、B、C 三个标准齿轮，A 为标准直齿圆柱齿轮，B 为 $\beta=15°$ 的斜齿圆柱齿轮，C 为 $\delta=30°$ 的直齿锥齿轮，试比较这三个齿轮的齿形系数，最小的是____________，最大的是____________。

10-30 齿轮的弯曲疲劳强度极限 σ_{Flim} 和接触疲劳强度极限 σ_{Hlim} 是经持久疲劳试验并按失效概率为____________来确定的，试验齿轮的弯曲应力循环特性为____________循环。

10-31 一齿轮传动装置如图所示，轮1为主动，在传动过程中，轮2的齿根弯曲应力按________循环变化，而其齿面接触应力按____________循环变化。若求得其齿根最大弯曲应力为300MPa，则最小应力值为________，应力幅值为________，平均应力为________。

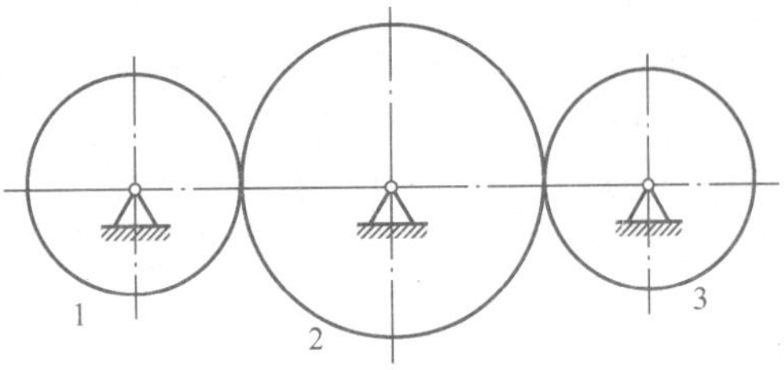

10-32 在斜齿圆柱齿轮传动中，螺旋角 β 既不宜过小，也不宜过大。因为 β 过小，会使________________________，而 β 过大，又会使________________________。因此，在设计计算中，β 的取值应为________，可以通过调整 β 而对________进行圆整。

10-33 在齿轮弯曲疲劳应力和接触疲劳应力计算中的系数 Y_{ε} 和 Z_{ε} 是考虑____________对应力的影响，考虑此影响后齿轮的弯曲疲劳应力和接触疲劳应力均会________________。

10-34 斜齿圆柱齿轮强度计算中的系数 Z_{β} 和 Y_{β} 是考虑________________对应力的影响。考虑此影响后齿轮的弯曲疲劳应力和接触疲劳应力均会________________。

班级		成绩	
姓名		任课教师	
学号		批改日期	

10-35 填注下表中参数的荐用范围（一般情况下）。

<table>
<tr><td rowspan="6">齿轮
传动</td><td rowspan="3">直齿圆柱齿轮小齿轮齿数 z_1</td><td rowspan="2">闭式</td><td>软齿面</td><td>z_1 =</td></tr>
<tr><td>硬齿面</td><td>z_1 =</td></tr>
<tr><td colspan="2">开式</td><td>z_1 =</td></tr>
<tr><td colspan="3">斜齿圆柱齿轮的螺旋角 β</td><td>β =</td></tr>
<tr><td colspan="3">传递动力的齿轮模数 m</td><td>$m \geqslant$ (　　) mm</td></tr>
<tr><td colspan="3">大、小齿轮的齿宽</td><td>$b_1 = b_2 +$ (　　) mm</td></tr>
</table>

三、分析与思考题

10-36 在下表中填写齿轮的常见失效形式、发生场合、发生部位以及避免失效发生的措施。

常见失效形式	发生场合	发生部位	避免失效发生的措施

10-37 软、硬齿面齿轮在热处理和加工方法上有何区别？在失效和强度计算上有何区别？为什么？

班级		成绩	
姓名		任课教师	
学号		批改日期	

10-38　标准直齿圆柱齿轮传动，若传动比 i、转矩 T_1、齿宽 b 均保持不变，试问在下列条件下齿轮的弯曲应力和接触应力各将发生什么变化？为什么？

（1）模数 m 不变，齿数 z_1 增加；

（2）齿数 z_1 不变，模数 m 增大；

（3）齿数 z_1 增加一倍，模数 m 减小一半。

10-39　一对圆柱齿轮传动，大、小齿轮齿面接触应力是否相等？大、小齿轮的接触强度是否相等？在什么条件下两齿轮的接触强度相等？

10-40　一对圆柱齿轮传动，一般大、小齿轮齿根弯曲应力是否相等？大、小齿轮弯曲强度相等的条件是什么？

10-41　有一个同学设计闭式软齿面直齿圆柱齿轮传动。方案一：$m=4\text{mm}$、$z_1=20$、$z_2=60$，经强度计算，其齿面接触疲劳强度刚好满足设计要求，但齿根弯曲应力远远小于许用应力，因而又进行了两种方案设计。方案二：$m=2\text{mm}$、$z_1=40$、$z_2=120$，其齿根弯曲疲劳强度刚好满足设计要求；方案三：$m=2\text{mm}$、$z_1=30$、$z_2=90$。假设改进后的工作条件、载荷系数 K、材料、热处理硬度和齿宽等条件都不变，试问：

（1）改进后的方案二、方案三是否可用？为什么？

（2）应采用哪个方案更为合理？为什么？

班级		成绩	
姓名		任课教师	
学号		批改日期	

10-42　齿宽系数 ϕ_d 的大小对齿轮传动的尺寸和强度影响如何？选取时要考虑哪些因素？

10-43　设计圆柱齿轮传动时，常取小齿轮的齿宽 b_1 大于大齿轮的齿宽 b_2，为什么？在强度计算公式中齿宽 b 代入 b_1 还是 b_2？

10-44　在齿轮传动中，载荷分布不均匀系数 K_β 与哪些因素有关？可采取哪些措施减小 K_β？

10-45　有一对标准直齿圆柱齿轮传动，有关参数和许用值见下表，试分析、比较哪个齿轮的弯曲疲劳强度高？哪个齿轮的接触疲劳强度高？

齿轮	m/mm	z	b/mm	[σ_F]/MPa	[σ_H]/MPa
1	4	30	45	490	570
2	4	50	40	420	470

班级		成绩	
姓名		任课教师	
学号		批改日期	

10-46　现有 A、B 两对闭式软齿面直齿圆柱齿轮传动，参数见下表。其材料及热处理硬度、转矩 T_1、工况及制造精度均相同，忽略重合度 ε_α 和载荷系数 K 的影响，试分析、比较这两对齿轮接触疲劳强度及弯曲疲劳强度的高低。

齿轮对	m/mm	z_1	z_2	b/mm
A	2	40	90	60
B	4	20	50	70

10-47　设有一对标准直齿圆柱齿轮传动，$m=6\text{mm}$，$z_1=20$，$z_2=80$，$b=40\text{mm}$。为了缩小中心距，要改用 $m=4\text{mm}$ 的一对齿轮来代替它。设载荷系数 K、齿数 z_1、z_2 及齿轮材料和热处理方式等均保持不变，试问：为了保持原有的接触强度，改用的齿轮应取多大齿宽？

班级		成绩	
姓名		任课教师	
学号		批改日期	

10-48　设有一对标准直齿圆柱齿轮传动，若传递功率不变，齿轮齿数、中心距和许用应力不变，小齿轮转速 n_1 从 960r/min 降为 720r/min，试问要改变什么参数，并使该值与原用值之比大致等于多少才能保证该传动具有原来的抗弯强度？

10-49　下图所示为直齿圆柱齿轮变速箱，各对齿轮的材料、热处理、寿命系数 K_N、载荷系数 K、齿宽和模数均相同，不计摩擦损失，并忽略重合度 ε_α 的影响。已知：$z_1=20$，$z_2=80$，$z_3=40$，$z_4=60$，$z_5=30$，$z_6=70$，输出轴Ⅱ的转矩 T_2 恒定，试分析哪个齿轮的弯曲疲劳强度最低？哪对齿轮的接触疲劳强度最低？

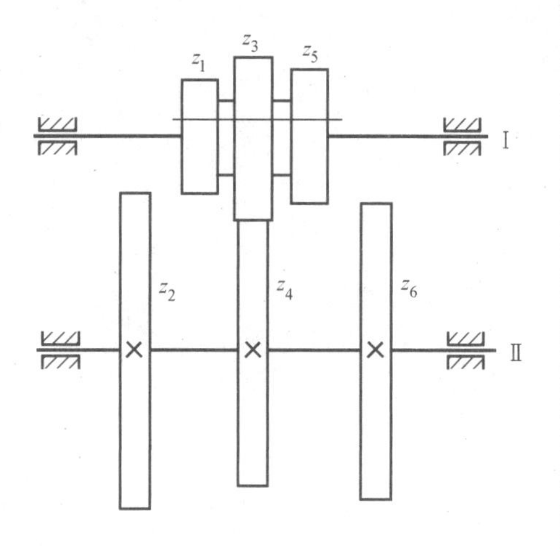

班级		成绩	
姓名		任课教师	
学号		批改日期	

10-50　在下图所示的标准直齿圆柱齿轮传动中，图 a 中齿轮 1 为主动轮，图 b 中齿轮 2 为主动轮，试：

（1）标出两种情况下各齿轮的转向和圆周力；

（2）说明两种情况下，齿轮 2 的弯曲应力和接触应力的应力性质，强度计算时应注意的问题（两种情况均按有限寿命考虑）。

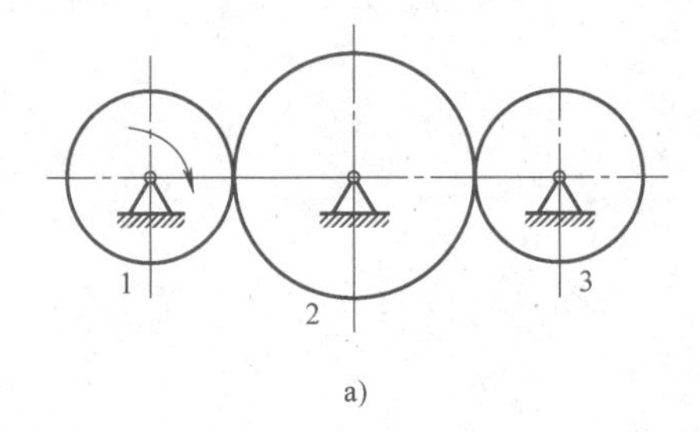

a)

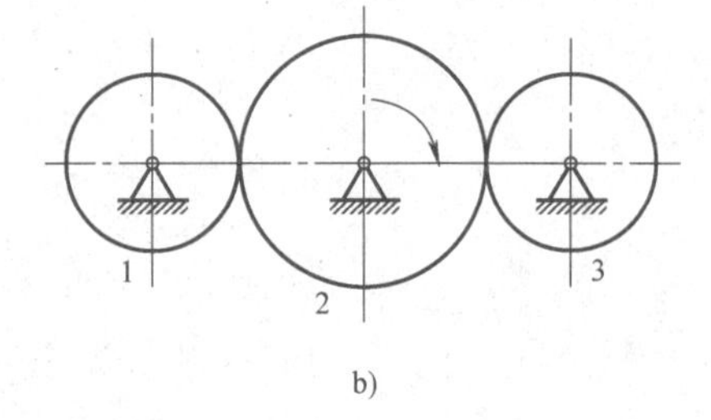

b)

10-51　下图所示为两级展开式标准斜齿圆柱齿轮减速器，以及输出轴的转向 n_4。

（1）为使轴Ⅱ上齿轮 2、3 的轴向力互相抵消，试确定齿轮 3 螺旋角 β_3 的旋向及大小（不计摩擦损失）。

（2）画出各齿轮的圆周力、径向力和轴向力的方向。

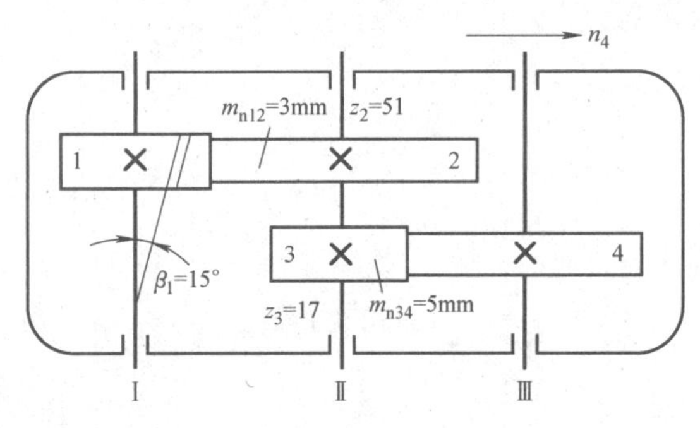

班级		成绩	
姓名		任课教师	
学号		批改日期	

10-52　下图所示为圆锥-斜齿圆柱齿轮二级减速器。已知：输入轴功率 $P_1=10\text{kW}$，转速 $n_1=1450\text{r/min}$，转向在图中示出；直齿锥齿轮传动的几何参数为：$m=4\text{mm}$，$\alpha=20°$，$z_1=25$，$z_2=60$，$\phi_R=0.3$；斜齿圆柱齿轮传动的几何参数为：$m_n=5\text{mm}$，$z_3=22$，$z_4=84$，$\phi_d=1$。试：

（1）标出轴Ⅱ和轴Ⅲ的转动方向，求出各轴所受转矩（不计摩擦损失）；

（2）画出各齿轮的圆周力、径向力和轴向力的方向；

（3）为使轴Ⅱ上齿轮 2 和 3 的轴向力完全抵消，确定齿轮 3 和 4 的旋向及齿轮 3 的螺旋角 β_3 的大小；

（4）确定各齿轮的齿宽 b_1、b_2、b_3、b_4；

（5）说明将锥齿轮布置在高速级，圆柱齿轮布置在低速级的原因；

（6）若轴Ⅲ为输出轴，说明应从轴Ⅲ的哪端输出转矩为好？为什么？

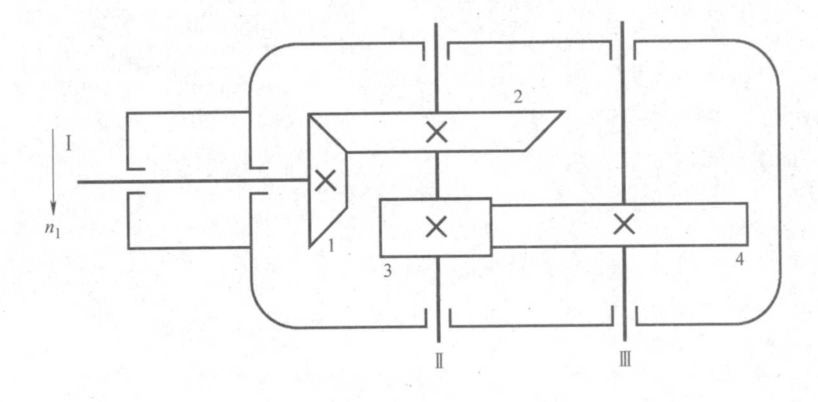

班级		成绩	
姓名		任课教师	
学号		批改日期	

10-53　输入轴Ⅰ与输出轴Ⅲ同轴线的标准直齿圆柱齿轮减速器如下图所示。4个齿轮的材料相同，许用接触应力和许用弯曲应力相同（忽略摩擦和载荷系数 K、重合度 ε_α 的变化）。已知：齿数 $z_1=z_3=40$，$z_2=z_4=80$，模数 $m_{12}=m_{34}=2\text{mm}$，齿宽 $b_1=b_3=35\text{mm}$，$b_2=b_4=30\text{mm}$，试分析：

（1）4个齿轮中哪个接触疲劳强度最弱？哪个弯曲疲劳强度最弱？

（2）如第一级齿轮传动的接触疲劳强度刚好满足，为使第二级齿轮的接触疲劳强度等于第一级，应该修改第二级的哪个设计参数？求出修改后的参数值，此时两对齿轮的弯曲疲劳强度是否相等？

（3）如第二级齿轮传动的模数改为 $m'_{34}=4\text{mm}$，中心距和齿宽不变，则第二级齿轮的接触疲劳强度和弯曲疲劳强度有何变化（定性分析不需计算）？

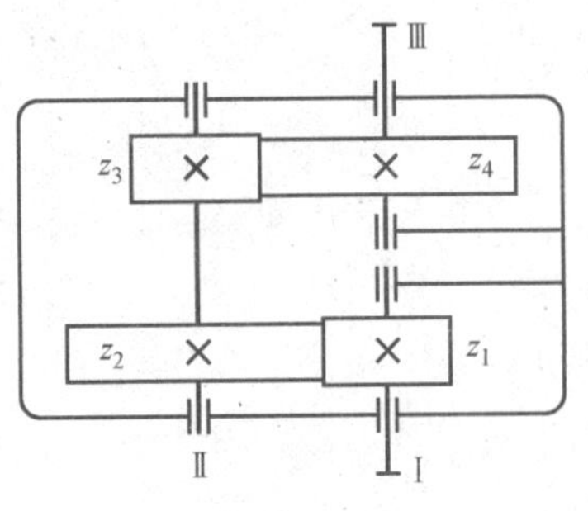

班级		成绩	
姓名		任课教师	
学号		批改日期	

10-54　下图所示为双级展开式直齿圆柱齿轮减速器，其参数如表。传动的摩擦损耗可忽略不计。假设两对齿轮传动的载荷系数 K 相同，材料相同，忽略重合度 ε_α 的影响，试判断4个齿轮中哪个齿轮的接触疲劳强度最弱？哪个齿轮的弯曲疲劳强度最弱？并写出判断依据。

齿轮	z	m/mm	b/mm	$[\sigma_F]$/MPa	$[\sigma_H]$/MPa
1	20	2	85	300	550
2	80		80	230	420
3	30	3	60	500	900
4	60		55	450	800

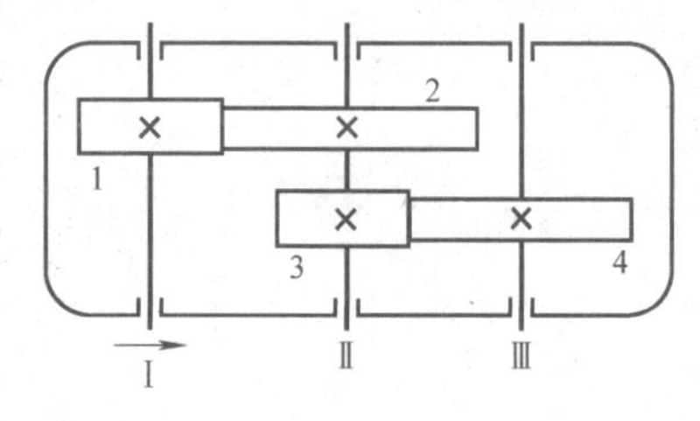

班级		成绩	
姓名		任课教师	
学号		批改日期	

四、设计计算题

10-55　设计一对直齿圆柱齿轮传动。原用材料的许用接触应力为 $[\sigma_{H1}]=700\text{MPa}$、$[\sigma_{H2}]=600\text{MPa}$，求得中心距 $a=100\text{mm}$；现改用 $[\sigma_{H1}]=600\text{MPa}$、$[\sigma_{H2}]=500\text{MPa}$ 的材料。若齿宽和其他条件不变，为保证接触疲劳强度不变，试计算改用材料后的中心距 a'。

10-56　有一对闭式软齿面直齿圆柱齿轮传动。已知小齿轮齿数 $z_1=20$，传动比 $i_{12}=3$，模数 $m=4\text{mm}$，齿宽 $b=80\text{mm}$，齿面接触应力 $\sigma_H=500\text{MPa}$，大齿轮齿根弯曲应力 $\sigma_{F2}=60\text{MPa}$。现可忽略载荷系数 K 和重合度 ε_α 对强度的影响，试求：

（1）小齿轮的齿根弯曲应力 σ_{F1}；

（2）当其他条件不变，而 $b=40\text{mm}$ 时的齿面接触应力 σ'_H 和齿根弯曲应力 σ'_{F1}、σ'_{F2}；

（3）当传动比 i_{12} 及其他条件不变，而 $z_1=40$、$m=2\text{mm}$ 时的齿面接触应力 σ''_H 和齿根弯曲应力 σ''_{F1}、σ''_{F2}。

班级		成绩	
姓名		任课教师	
学号		批改日期	

10-57　有一对直齿圆柱齿轮传动，已知 $z_1=20$，$z_2=60$，$m=3\text{mm}$，$b_1=45\text{mm}$，$b_2=40\text{mm}$，齿轮材料为锻钢，许用接触应力 $[\sigma_{H1}]=500\text{MPa}$，$[\sigma_{H2}]=450\text{MPa}$，许用弯曲应力 $[\sigma_{F1}]=340\text{MPa}$，$[\sigma_{F2}]=280\text{MPa}$，载荷系数 $K=1.85$，求大齿轮 2 所允许的输出转矩 T_2（不计功率损失）。

班级		成绩	
姓名		任课教师	
学号		批改日期	

10-58 试设计铣床中一对直齿圆柱齿轮传动。已知功率 $P=7.5\mathrm{kW}$，小齿轮由电动机驱动，转速 $n_1=1450\mathrm{r/min}$，齿数 $z_1=26$，$z_2=54$，双向转动，工作寿命 $L_{\mathrm{h}}=12000\mathrm{h}$，小齿轮对轴承非对称布置，轴的刚性较大，工作中受轻微冲击，7 级制造精度。

班级		成绩	
姓名		任课教师	
学号		批改日期	

10-59 试设计一对斜齿圆柱齿轮传动。已知功率 $P=40\text{kW}$，转速 $n_1=2800\text{r/min}$，传动比 $i_{12}=3.2$，工作寿命 $L_h=25000\text{h}$，小齿轮悬臂布置，工作情况系数 $K_A=1.25$。

班级		成绩	
姓名		任课教师	
学号		批改日期	

10-60　试设计由电动机驱动的闭式锥齿轮传动。已知功率 $P=9.2\text{kW}$，转速 $n_1=970\text{r/min}$，传动比 $i_{12}=3$，小齿轮悬臂布置，单向转动，载荷平稳，每日工作 8h，工作寿命为 5 年（每年按 250 个工作日计）。

班级		成绩	
姓名		任课教师	
学号		批改日期	

五、结构设计与分析题

10-61　试确定下列条件下齿轮应采用的结构形式。

（1）齿顶圆直径 $d_a=160$mm，材料为45钢；

（2）齿顶圆直径 $d_a=320$mm，材料为45钢；

（3）齿顶圆直径 $d_a=612$mm，材料为铸钢；

（4）齿顶圆直径 $d_a=976$mm，轮齿部位材料为40Cr。

10-62　下图所示为某减速器的齿轮，材料为45钢，制造精度为8级，试分析其尺寸及公差和表面粗糙度标注是否合理，如不合理请改正。

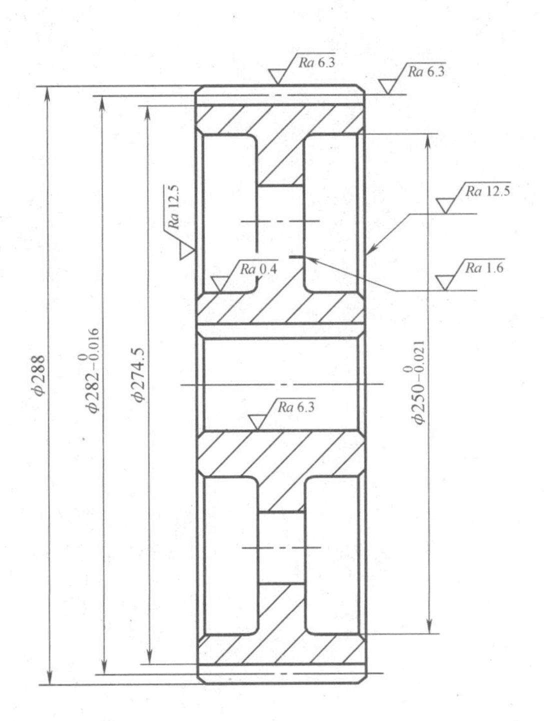

班级		成绩	
姓名		任课教师	
学号		批改日期	

第十一章 蜗杆传动

一、选择题

11-1 与齿轮传动相比，________不能作为蜗杆传动的优点。

A. 传动平稳、噪声小　B. 传动比可以较大　C. 可产生自锁　D. 传动效率高

11-2 阿基米德蜗杆和蜗轮在中间平面上相当于齿条与________齿轮的啮合。

A. 摆线　B. 渐开线　C. 圆弧曲线　D. 变态摆线

11-3 在蜗杆传动中，如果模数和蜗杆头数一定，增大蜗杆分度圆直径 d_1，将使________。

A. 传动效率提高，蜗杆刚度降低　B. 传动效率降低，蜗杆刚度提高

C. 传动效率和蜗杆刚度都提高　D. 传动效率和蜗杆刚度都降低

11-4 大多数蜗杆传动，其传动尺寸主要由齿面接触疲劳强度决定，该强度计算的目的是防止________。

A. 蜗杆齿面的疲劳点蚀和胶合　B. 蜗杆齿的弯曲疲劳折断

C. 蜗轮齿的弯曲疲劳折断　D. 蜗轮齿面的疲劳点蚀和胶合

11-5 在蜗杆传动中，增加蜗杆头数 z_1，有利于________。

A. 提高传动的承载能力　B. 提高蜗杆刚度　C. 蜗杆加工　D. 提高传动效率

11-6 为了提高蜗杆的刚度，应________。

A. 增大蜗杆的直径　B. 采用高强度合金钢作为蜗杆材料

C. 提高蜗杆硬度，减小表面粗糙度值

11-7 对闭式蜗杆传动进行热平衡计算，其主要目的是________。

A. 防止润滑油受热后外溢，造成环境污染

B. 防止润滑油油温过高，使润滑条件恶化

C. 防止蜗轮材料在高温下力学性能下降

D. 蜗杆蜗轮发生热变形后正确啮合受到破坏

11-8 对于一般传递动力的闭式蜗杆传动，选择蜗轮材料的主要依据是________。

A. 齿面滑动速度　B. 蜗杆传动效率

C. 配对蜗杆的齿面硬度　D. 蜗杆传动的载荷大小

11-9 对于普通圆柱蜗杆传动，下列说法错误的是________。

A. 传动比不等于蜗轮与蜗杆分度圆直径比　B. 蜗杆直径系数越小，则蜗杆刚度越大

C. 在蜗轮端面内模数和压力角为标准值　D. 蜗杆头数 z_1 多时，传动效率提高

11-10 蜗杆传动的当量摩擦系数 f_V 随齿面相对滑动速度的增大而________。

A. 增大　B. 不变　C. 减小

11-11 在蜗杆传动中，轮齿承载能力计算主要是针对________来进行的。

A. 蜗杆齿面接触强度和蜗轮齿根弯曲强度　B. 蜗杆齿根弯曲强度和蜗轮齿面接触强度

C. 蜗杆齿面接触强度和蜗杆齿根弯曲强度　D. 蜗轮齿面接触强度和蜗轮齿根弯曲强度

11-12 蜗杆常选用的材料是________。

A. HT150　B. ZCuSn10P1

C. 45 钢　D. GCr15

班级		成绩	
姓名		任课教师	
学号		批改日期	

11-13　蜗杆传动的失效形式与齿轮传动相类似，其中________最易发生。

A. 点蚀与磨损　　B. 胶合与磨损

C. 轮齿折断与塑性变形　　D. 胶合与塑性变形

11-14　在蜗杆传动中，蜗杆 1 和蜗轮 2 受到转矩的关系为________。

A. $T_2 = T_1$　　B. $T_2 = iT_1$　　C. $T_2 = i\eta T_1$　　D. $T_2 = iT_1/\eta$

11-15　下列蜗杆副材料组合中，有________是错误或不恰当的。

序　号	蜗　杆	蜗　轮
1	40Cr 淬火	ZCuAl10Fe3
2	18CrMnTi 渗碳淬火	ZCuSn10Pb1
3	45 钢淬火	ZG45
4	45 钢调质	HT200
5	ZCuAl10Fe3	HT150

A. 一组　　B. 二组　　C. 三组　　D. 四组

二、填空题

11-16　蜗杆直径系数 $q =$________。

11-17　蜗杆传动发生自锁的条件是________________。

11-18　阿基米德蜗杆与蜗轮正确啮合的条件是____________、____________、____________。

11-19　在蜗杆传动中，蜗杆头数越少，则传动效率越________，自锁性越________。一般蜗杆头数常取________________。

11-20　对滑动速度 $v_s \geqslant 4\text{m/s}$ 的重要蜗杆传动，蜗杆的材料可选用____________进行____________处理；蜗轮的材料可选用________________。

11-21　蜗杆传动中强度计算的对象是____________，其原因是_________________________、____。

11-22　蜗杆传动中，蜗杆螺旋线的方向和蜗轮螺旋线的方向应____________________，蜗杆的________________应等于蜗轮的螺旋角。

11-23　闭式蜗杆传动的功率损耗，一般包括____________、____________、____________三部分。

三、分析与思考题

11-24　蜗杆传动与齿轮传动相比有何特点？常用于什么场合？

班级		成绩	
姓名		任课教师	
学号		批改日期	

11-25　在普通圆柱蜗杆传动中，按蜗杆的成形方法和齿廓曲线形状的不同，分为哪些类型？各用什么代号表示？

11-26　在普通圆柱蜗杆传动中，为什么将蜗杆的分度圆直径 d_1 规定为标准值？

11-27　蜗杆传动的失效形式及计算准则是什么？常用的材料配对有哪些？选择材料应满足哪些要求？

11-28　蜗轮材料的许用接触应力，有的与相对滑动速度大小有关，而与应力循环次数无关，有的则相反，试说明其原因。

班级		成绩	
姓名		任课教师	
学号		批改日期	

11-29　对于蜗杆传动，下面3式有无错误？为什么？分别写出正确的表达式。

（1）$i=\frac{\omega_1}{\omega_2}=\frac{n_1}{n_2}=\frac{z_2}{z_1}=\frac{d_2}{d_1}$；

（2）$a=\frac{d_1+d_2}{2}=\frac{m}{2}(z_1+z_2)$；

（3）$F_{t2}=\frac{2T_2}{d_2}=\frac{2T_1 i}{d_2}=\frac{2T_1}{d_1}=F_{t1}$。

11-30　蜗杆传动设计中为何特别重视发热问题？如何进行散热计算？常用的散热措施有哪些？

11-31　为什么普通圆柱蜗杆传动的承载能力主要取决于蜗轮轮齿的强度？用碳钢或合金钢制造蜗轮有何问题？

11-32　在动力蜗杆传动中，蜗轮的齿数在什么范围内选取？齿数选取过多或过少有何不利？

班级		成绩	
姓名		任课教师	
学号		批改日期	

11-33　在下图所示的传动系统中，已知输出轴 n_6 的方向。

（1）使各轴轴向力较小，确定斜齿轮 5、6 和蜗杆蜗轮 1、2 的螺旋线方向（标在图上或用文字说明）及轴 1 的转向 n_1；

（2）在图中标出轴向力、圆周力和径向力的方向。

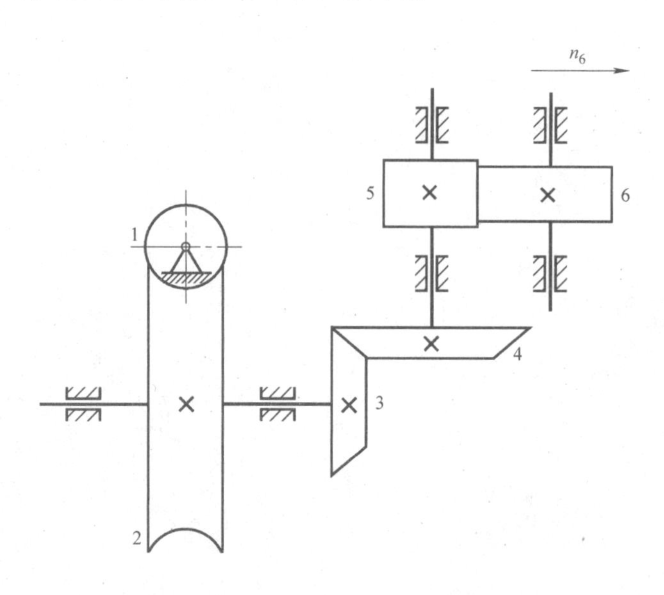

11-34　在下图所示的传动系统中，轮 1、2 为直齿锥齿轮传动，轮 3、4 为蜗杆传动，轮 5、6 为斜齿轮传动，Ⅰ为输入轴，Ⅳ为输出轴，n_1 的转动方向如图所示，试：

（1）为使轴Ⅱ、Ⅲ所受轴向力抵消一部分，在图中标出（或写出）各轮旋向；

（2）在图中分别标出各轮轴向力、圆周力的方向。

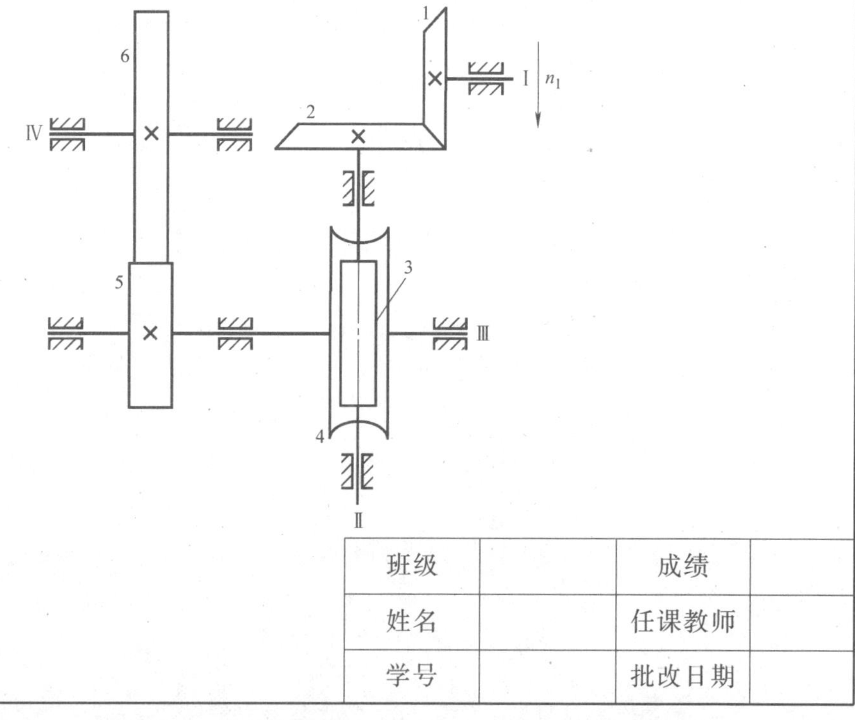

班级		成绩	
姓名		任课教师	
学号		批改日期	

11-35　下图所示为由带、圆锥-圆柱齿轮、蜗杆蜗轮和链组成的减速传动系统，水平布置。

（1）试说明为什么带传动布置在高速级，而链传动布置在低速级？

（2）根据带传动的特点，确定电动机的转向。

（3）为使各轴轴向力较小，确定斜齿轮 3、4 和蜗杆蜗轮 5、6 的螺旋线方向（标在图上或用文字说明）。

（4）在图中标出各轮轴向力 F_{ai}（$i=1\sim6$）及圆周力 F_{ti}（$i=1\sim6$）的方向。

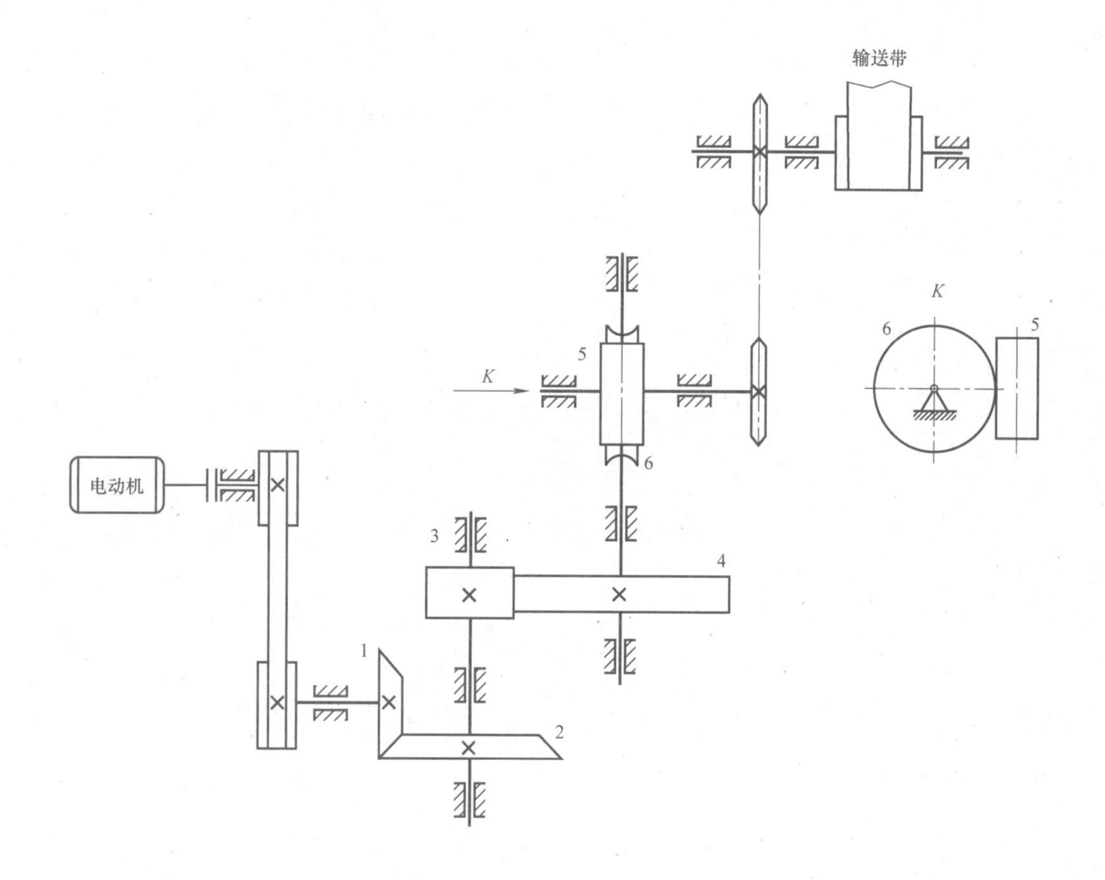

班级		成绩	
姓名		任课教师	
学号		批改日期	

四、设计计算题

11-36　某电梯传动装置中采用蜗杆传动，其参数为：$z_1=1$，$z_2=30$，$q=10$，$m=8\text{mm}$，右旋，蜗杆蜗轮啮合效率 $\eta_1=0.75$，电动机转速 $n_1=970\text{r/min}$，传动系统总效率 $\eta=0.70$，卷筒直径 $D=600\text{mm}$，试求：

（1）电梯 5 上升时，电动机的转向（标在图上）；

（2）电梯上升的速度 v；

（3）电梯定员 14 人，每人体重按 650N 计算，求电动机所需功率 P；

（4）若电动机功率 $P=15\text{kW}$，求最大载客量 W。此时蜗杆蜗轮所受圆周力、轴向力和径向力的大小各是多少？

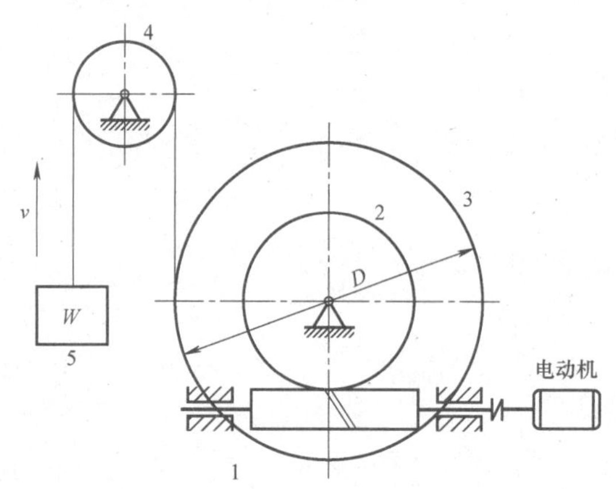

班级		成绩	
姓名		任课教师	
学号		批改日期	

11-37　右图所示为简单手动起重装置。已知：$m=8\text{mm}$，$z_1=1$，$z_2=40$，$q=10$，卷筒直径 $D=300\text{mm}$，试确定：

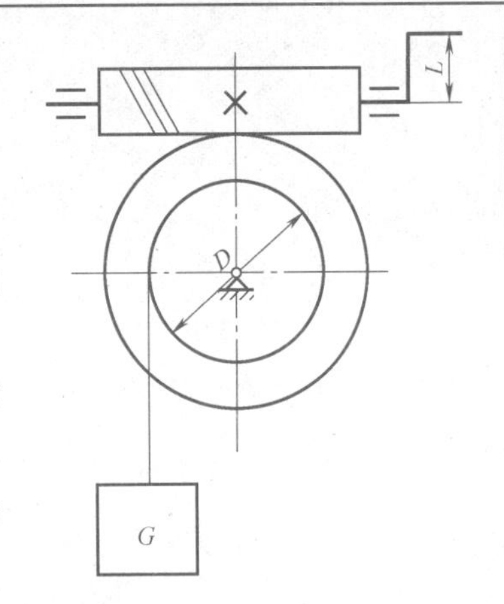

（1）重物上升 1m，手柄应转多少转？若蜗杆为右旋，当重物上升时，手柄转向如何（标在图上）？

（2）若蜗杆蜗轮齿面间的当量摩擦系数为 $f_V=0.2$，则此机构是否自锁？

（3）若提升重物的重量 $G=1000\text{N}$，人手推力 $F=50\text{N}$，试计算所需手柄力臂长度 L。

（4）当提升重物或降下重物时，蜗轮齿面是单侧受载还是双侧受载（即蜗轮轮齿的受力齿面是否变化）？

11-38　已知一蜗杆传动，蜗杆为主动，转速 $n_1=1440\text{r/min}$，蜗杆头数 $z_1=2$，模数 $m=4\text{mm}$，蜗杆直径系数 $q=10$，蜗杆材料为钢，齿面硬度大于 45HRC，磨削，蜗轮材料为铸锡青铜，求该传动的啮合效率 η_1 和总效率 η。

班级		成绩	
姓名		任课教师	
学号		批改日期	

11-39　设计用于带式输送机的普通圆柱蜗杆减速器，传递功率 $P=7.5\mathrm{kW}$，蜗杆转速 $n_1=970\mathrm{r/min}$，传动比 $i=20$，由电动机驱动，载荷平稳。蜗杆材料为20Cr钢，渗碳淬火，硬度大于58HRC。蜗轮材料为ZCuSn10P1，金属模铸造。蜗杆减速器每日工作8h，工作寿命为7年（每年按250个工作日计）。

班级		成绩	
姓名		任课教师	
学号		批改日期	

五、结构设计与分析题

11-40　蜗杆螺旋部分的直径一般与轴径相差不大，所以常和轴做成一体，称作蜗杆轴。下图所示为蜗杆轴的几种常见结构，试说明哪种蜗杆轴可以车制，哪种可以铣制。

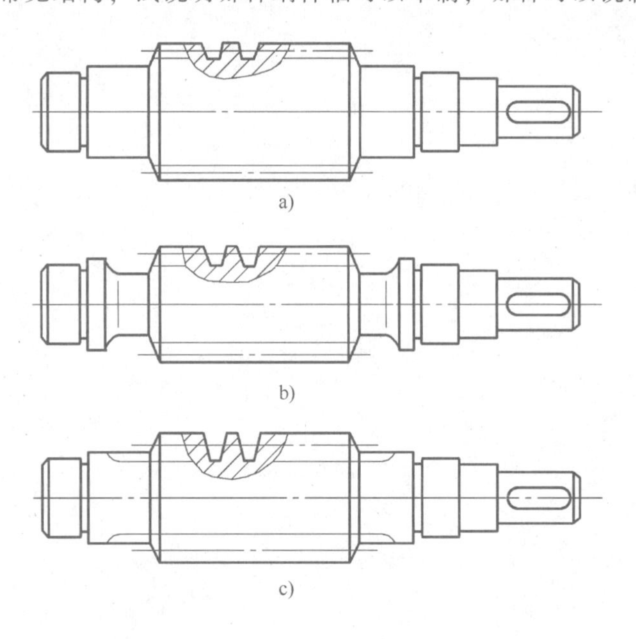

a)

b)

c)

11-41　试分析下图 a 、b 所示螺栓连接式、齿圈压配式蜗轮结构是否合理，不合理请改正。

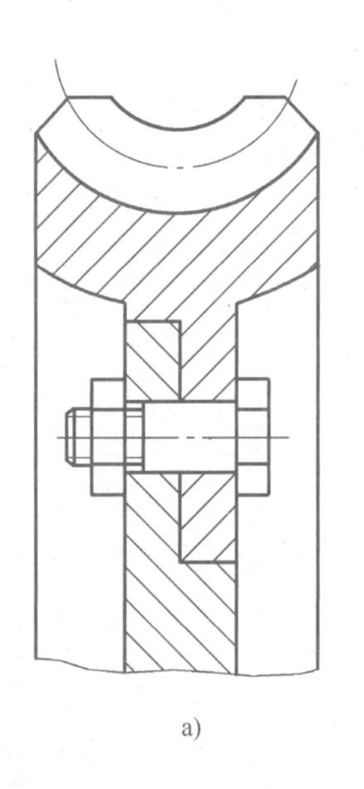

a)

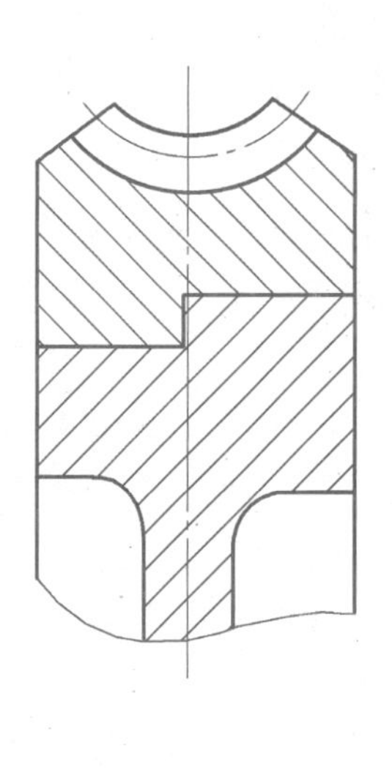

b)

班级		成绩	
姓名		任课教师	
学号		批改日期	

第十二章　轴

一、选择题

12-1　按所受载荷的性质分类，车床的主轴是________，自行车的前轴是________，连接汽车变速箱与后桥，以传递动力的轴是________。

A. 转动心轴　　B. 固定心轴　　C. 传动轴　　D. 转轴

12-2　为了提高轴的刚度，________是无效的。

A. 加大阶梯轴各部分直径　　B. 把碳钢改为合金钢

C. 缩短轴承之间的距离　　D. 改变轴上零件位置

12-3　轴上安装有过盈连接的零件时，应力集中将发生在________。

A. 轮毂中间部位　　B. 沿轮毂两端部位　　C. 距离轮毂端部为 1/3 轮毂长度处

12-4　轴直径的计算公式 $d \geqslant A_0 \sqrt[3]{\frac{P}{n}}$，________。

A. 只考虑了轴的弯曲疲劳强度　　B. 考虑了弯曲、扭转应力的合成

C. 只考虑了扭转应力　　D. 考虑了轴的扭转刚度

12-5　轴的强度计算公式 $M_e = \sqrt{M^2 + (\alpha T)^2}$ 中，α 是________。

A. 弯矩转化为当量转矩的转化系数

B. 转矩转化成当量弯矩的转化系数

C. 弯曲应力和扭转切应力的循环性质不同的校正系数

D. 强度理论的要求

12-6　在轴的安全系数校核计算中，应按________计算。

A. 弯矩最大的一个截面　　B. 弯矩和转矩都是最大的一个截面

C. 应力集中最大的一个截面　　D. 设计者认为可能不安全的一个或几个截面

12-7　在轴的安全系数校核计算中，在确定许用安全系数 $[S]$ 时，不必考虑________。

A. 轴的应力集中　　B. 材料质地是否均匀

C. 载荷计算的精确度　　D. 轴的重要性

12-8　对轴上零件进行轴向固定，当双向轴向力都很大时，宜采用________。

A. 过盈配合　　B. 用紧定螺钉固定的挡圈

C. 轴肩-套筒　　D. 轴肩-弹性挡圈

12-9　对轴进行表面强化处理，可以提高轴的________。

A. 静强度　　B. 刚度　　C. 疲劳强度　　D. 耐冲击性能

12-10　如阶梯轴的过渡圆角半径为 r，轴肩高度为 h，上面安装一个齿轮，齿轮孔倒角为 $C \times 45°$，则要求________。

A. $r < C < h$　　B. $r = C = h$　　C. $r > C > h$　　D. $C < r < h$

12-11　在轴上零件轴向定位中，________定位方式不产生应力集中。

A. 圆螺母　　B. 套筒　　C. 轴肩　　D. 轴环

12-12　轴上滚动轴承的定位轴肩高度应________。

A. 大于轴承内圈端面高度

B. 小于轴承内圈端面高度

C. 与轴承内圈端面高度相等

D. 越大越好

班级		成绩	
姓名		任课教师	
学号		批改日期	

二、填空题

12-13　转轴一般制成阶梯形的原因是______和______。

12-14　当转轴受到稳定的轴向力作用时，轴的弯曲应力是______应力。

12-15　单向转动的轴上作用有方向不变的径向载荷时，轴的弯曲应力为______循环变应力，扭转切应力为______循环变应力（转动不平稳时）。

12-16　用套筒、螺母或轴端挡圈进行轴向固定时，应使轴头段的长度______轮毂宽度。

12-17　在齿轮减速器中，低速轴的直径要比高速轴的直径大得多，其原因是______。

12-18　一般情况下轴的工作能力取决于______和______。

12-19　零件在轴上常用的轴向固定方法有______，周向固定方法有______。

三、分析与思考题

12-20　何为转轴、心轴和传动轴？自行车的前轴、中轴、后轴及踏板轴各是什么轴？

12-21　试说明下面几种轴材料的适用场合：Q235A、45、QT600-2、40CrNi。

12-22　轴的强度计算方法有哪几种？各适用于何种情况？

班级		成绩	
姓名		任课教师	
学号		批改日期	

12-23　试分析下图所示卷扬机中各轴所受到的载荷，并判断各轴的类型（轴的自重不计）。

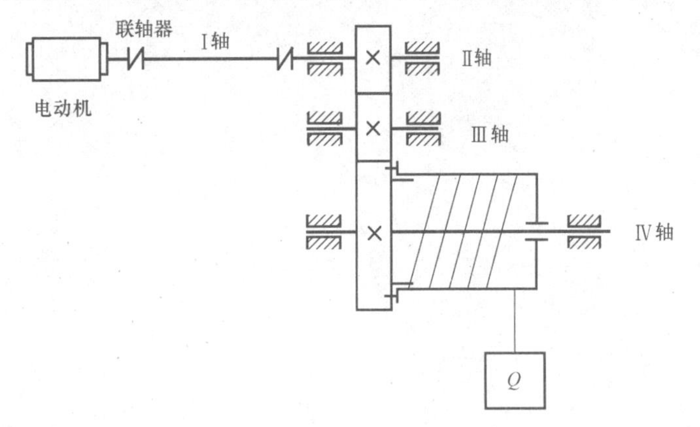

12-24　为什么要进行轴的静强度校核计算？这时是否要考虑应力集中等因素的影响？

12-25　经校核发现轴的疲劳强度不符合要求时，在不改变轴径的条件下，可采取哪些措施来提高轴的疲劳强度？

12-26　提高轴的刚度的措施有哪些？

12-27　何谓轴的临界转速？轴的弯曲振动临界转速大小与哪些因素有关？

班级		成绩	
姓名		任课教师	
学号		批改日期	

四、设计计算题

12-28 已知一传动轴的材料为40Cr钢调质，传递功率 $P=11\text{kW}$，转速 $n=90\text{r/min}$，试：

（1）按扭转强度计算轴的直径；

（2）按扭转刚度计算轴的直径（设轴的允许扭转角 $[\varphi]\leqslant 0.5°/\text{m}$）。

12-29 直径 $d=70\text{mm}$ 的实心轴与外径 $d_0=90\text{mm}$ 的空心轴的扭转强度相等。设两轴材料相同，试求该空心轴的内径 d_1 和减轻重量的百分比。

班级		成绩	
姓名		任课教师	
学号		批改日期	

12-30　下图所示为一台二级圆锥-圆柱齿轮减速器简图，输入轴由左端看为逆时针转动。已知 $F_{t1}=4000\mathrm{N}$，$F_{r1}=1357\mathrm{N}$，$F_{a1}=527\mathrm{N}$，$d_{m1}=100.56\mathrm{mm}$，$d_{m2}=258.91\mathrm{mm}$，$F_{t3}=7130\mathrm{N}$，$F_{r3}=2675\mathrm{N}$，$F_{a3}=1778\mathrm{N}$，$d_3=145.25\mathrm{mm}$，$l_1=l_3=60\mathrm{mm}$，$l_2=120\mathrm{mm}$，$l_4=l_5=l_6=100\mathrm{mm}$，试画出输入轴的计算简图，计算轴的支反力，画出轴的弯扭图和转矩图，并将计算结果标在图中。

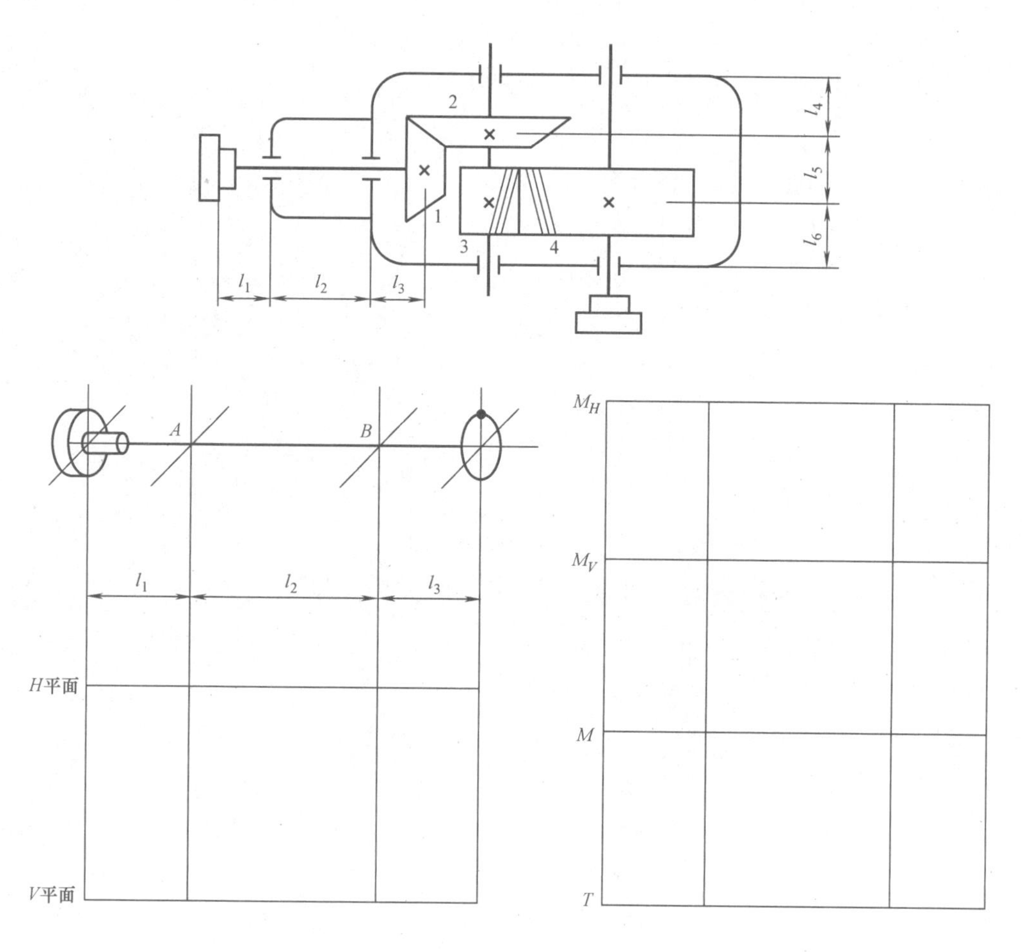

班级		成绩	
姓名		任课教师	
学号		批改日期	

12-31 根据题 12-30 的已知条件，试画出中间轴的计算简图，计算轴的支反力，画出轴的弯扭图和转矩图，并将计算结果标在图中。

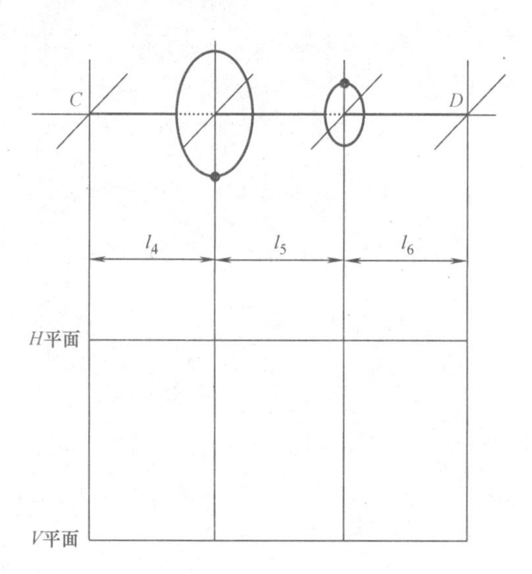

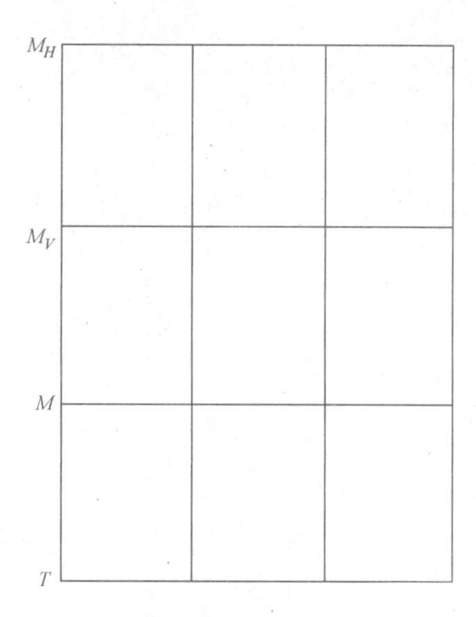

班级		成绩	
姓名		任课教师	
学号		批改日期	

12-32　下图所示为两级展开式斜齿圆柱齿轮减速器的中间轴的尺寸和结构。轴的材料为45钢，调质处理，轴单向运转，两齿轮与轴均采用 H7/k6 配合，并采用圆头普通平键连接，轴肩处的圆角半径 $r=1.5\text{mm}$。若已知轴所受转矩 $T=352\text{N}\cdot\text{m}$，轴的弯矩图如图所示，试按弯扭合成理论验算轴上截面Ⅰ和Ⅱ的强度，并精确校核轴的疲劳强度。

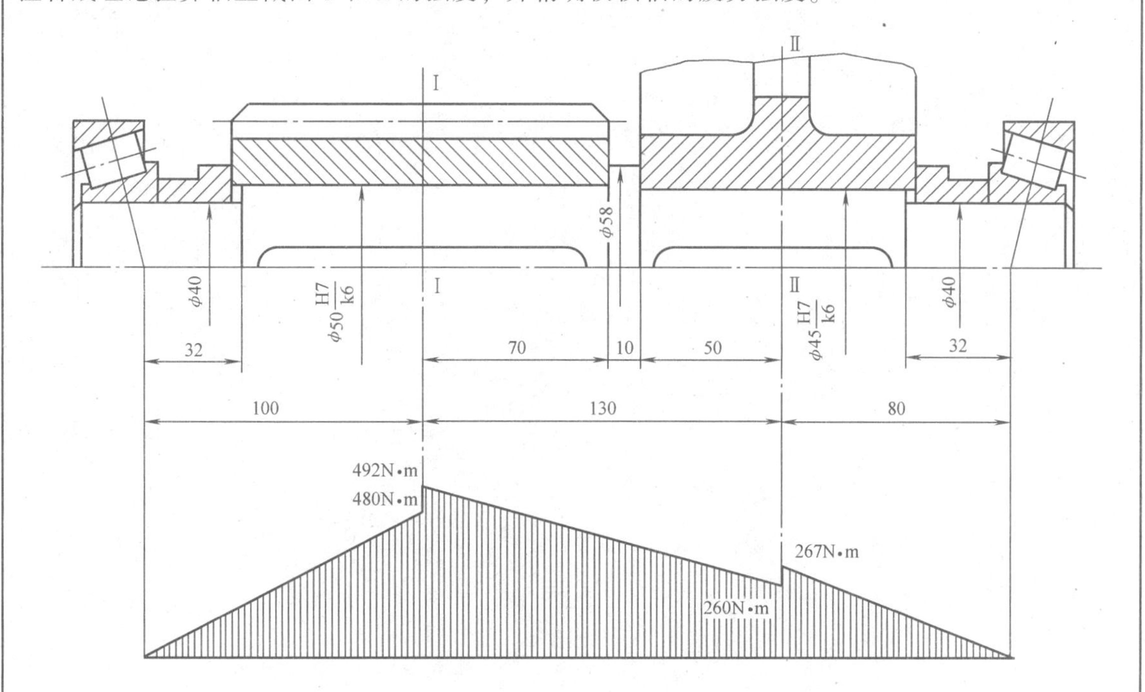

班级		成绩	
姓名		任课教师	
学号		批改日期	

五、结构设计与分析题

12-33　下图所示为起重机卷筒轴的4种结构方案，试分析：

（1）哪个方案的卷筒轴是心轴？哪个是转轴？

（2）从轴的应力分析知，哪个方案中的轴较重？哪个方案中的轴较轻？

（3）从制造工艺看，哪个方案较好？

（4）从安装维护方便来看，哪个方案较好？（图中 A 为机架）

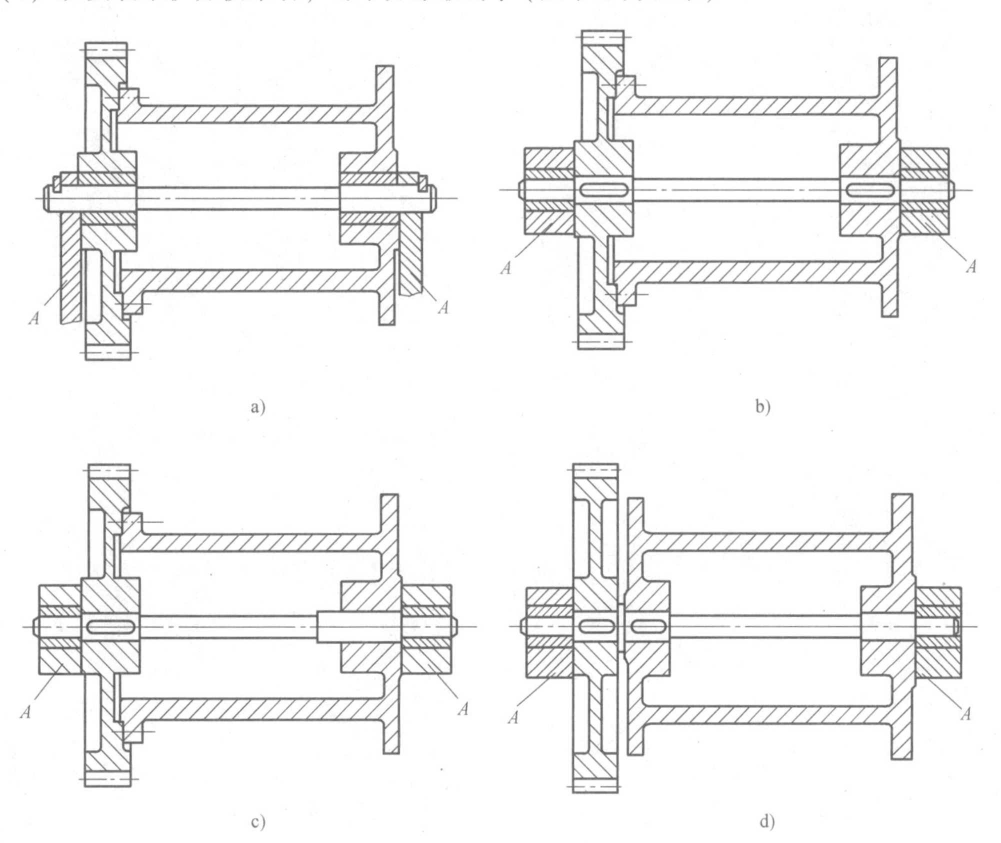

a)　　b)

c)　　d)

班级		成绩	
姓名		任课教师	
学号		批改日期	

12-34　指出下图所示小锥齿轮轴系中的错误结构或不合理之处，并在中心线下方画出正确的结构图。

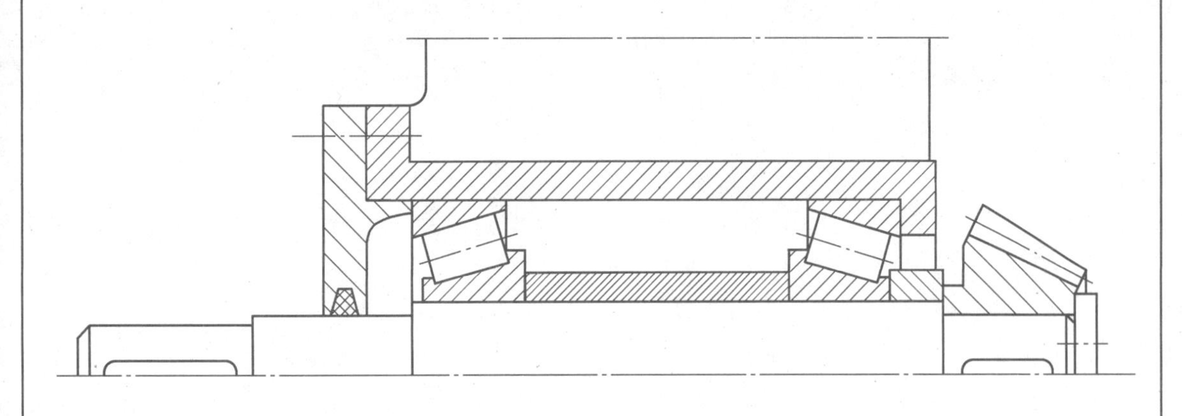

12-35　在图示轴系中直接改正其中的错误结构或不合理之处。

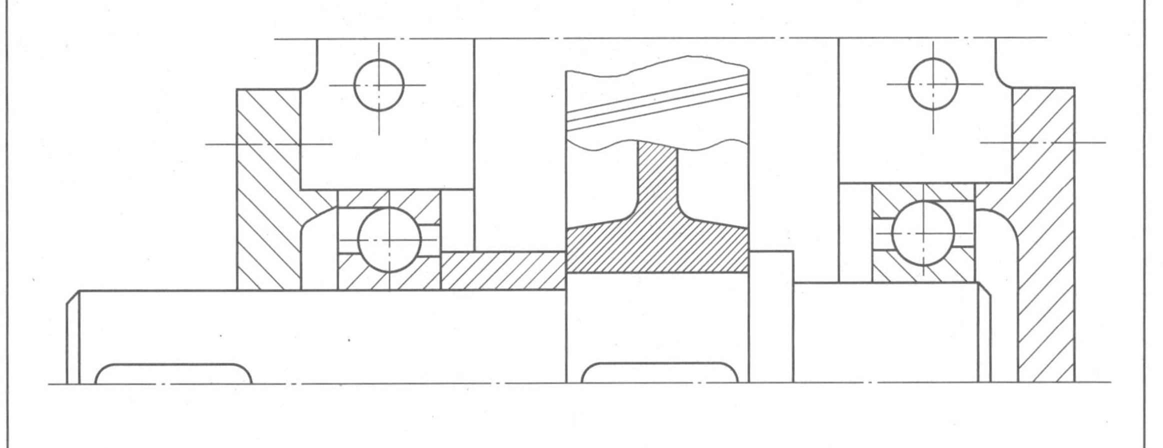

班级		成绩	
姓名		任课教师	
学号		批改日期	

12-36　试指出下图所示斜齿圆柱齿轮轴系中的错误结构及视图表达错误，并画出正确的结构图及视图。

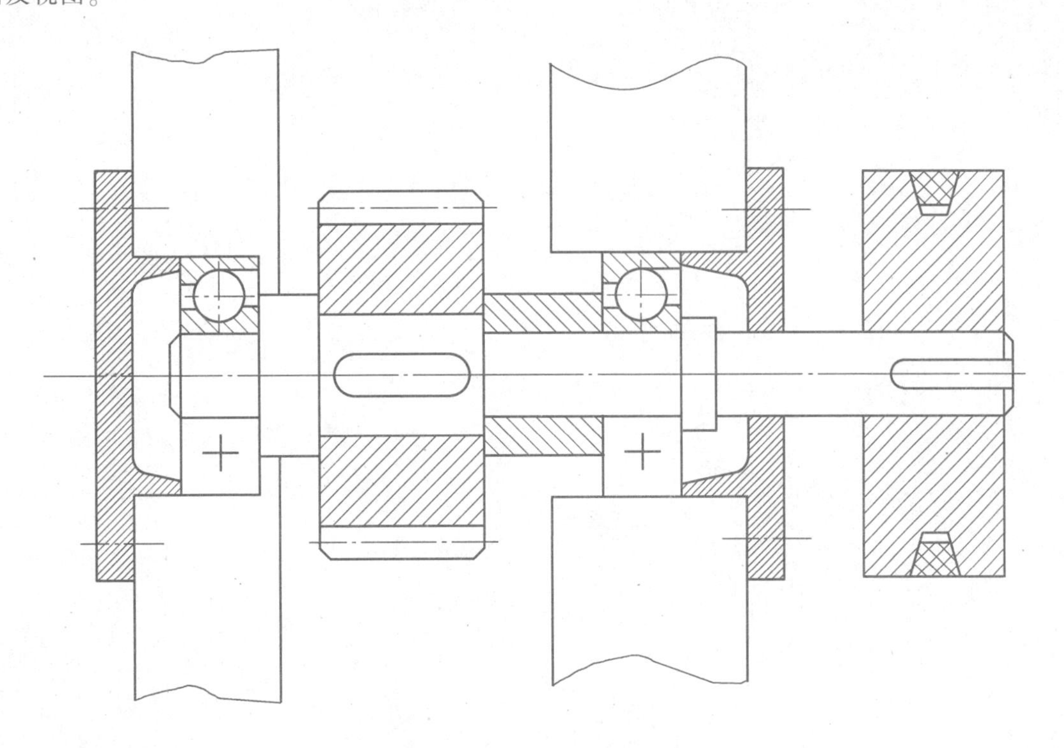

12-37　已知某传动装置中，有一齿轮相对于30307轴承对称安装在轴上，尺寸如下图所示，试设计此轴各轴段的直径及长度（单位：mm）。图中直齿轮仅画出轮廓，请补充完整。

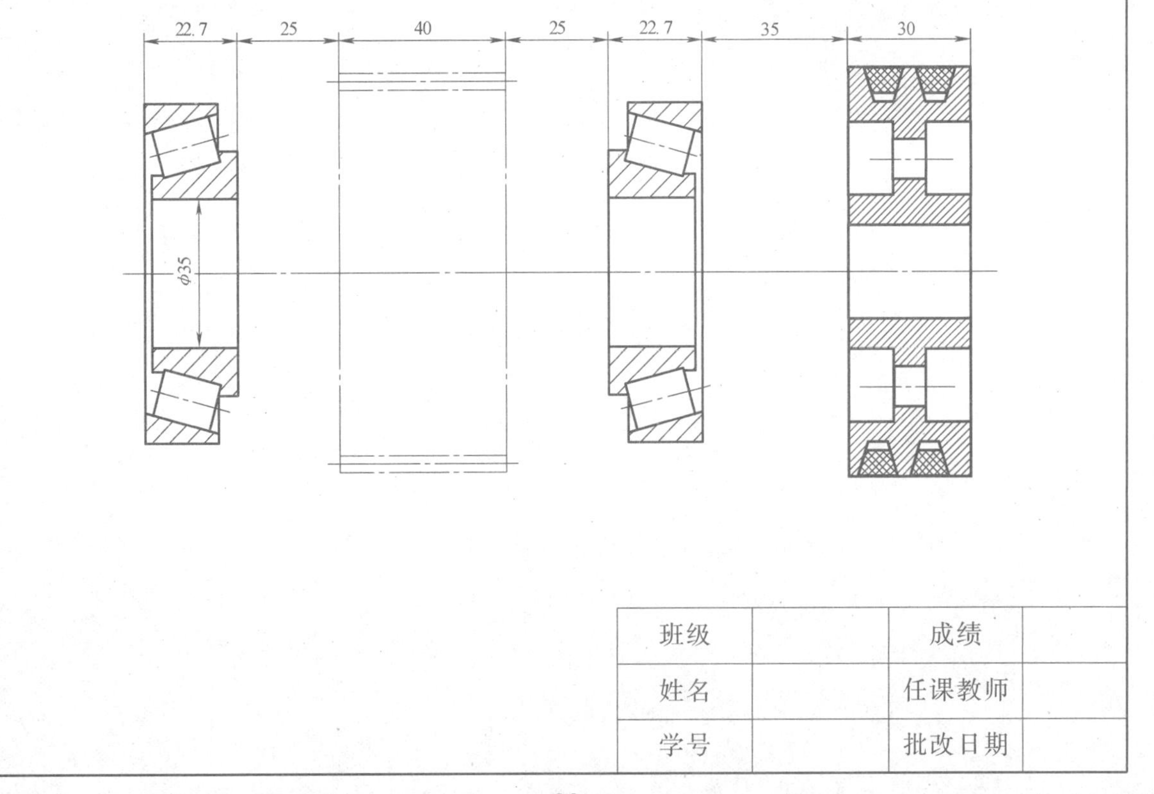

班级		成绩	
姓名		任课教师	
学号		批改日期	

第十三章 滚动轴承

一、选择题

13-1 各类滚动轴承中，除承受径向载荷外，还能承受不大的双向轴向载荷的是________，能承受一定单向轴向载荷的是________。

A. 深沟球轴承 B. 角接触球轴承 C. 圆柱滚子轴承 D. 圆锥滚子轴承

13-2 选择滚动轴承类型时，为方便拆卸，常用________，需有一定调心性能时选________，作为游动轴承时宜选________、________。

A. 深沟球轴承 B. 圆锥滚子轴承 C. 圆柱滚子轴承 D. 调心球轴承

13-3 转速 n = 2800r/min，采用一端固定、一端游动的蜗杆轴，其固定端轴承应选用________。

A. 推力球轴承 B. 深沟球轴承 C. 一对角接触球轴承 D. 一对圆锥滚子轴承

13-4 ________适用于多支点、弯曲刚度小的轴及难以精确对中的支承。

A. 深沟球轴承 B. 圆锥滚子轴承 C. 角接触球轴承 D. 调心球轴承

13-5 载荷一定的深沟球轴承，当工作转速由 1000r/min 变为 3000r/min 时，其寿命变化为________。

A. L_{10h}增大为$3L_{10h}$（h） B. L_{10}下降为$L_{10}/3$（r）

C. L_{10}增大为$3L_{10}$（r） D. L_{10h}下降为$L_{10h}/3$（h）

13-6 若一滚动轴承的基本额定寿命为 537000 转，则该轴承所受的当量动载荷________基本额定动载荷。

A. 大于 B. 小于 C. 等于 D. 大于或等于

13-7 某滚动轴承按寿命公式计算得寿命 L_h = 25100h，其可靠度________；若要求工作寿命达 30000h，则可靠度________。

A. 为 99% B. 为 90% C. <90% D. >90%

13-8 直齿圆柱齿轮轴系由一对圆锥滚子轴承支承，轴承径向反力 $F_{r1}>F_{r2}$，则作用在轴承上的轴向力________。

A. $F_{a1}>F_{a2}$ B. $F_{a1}<F_{a2}$ C. $F_{a1}=F_{a2}=0$ D. $F_{a1}=F_{a2}\neq0$

13-9 代号为 6210 的滚动轴承内圈与轴颈配合的正确标注为________。

A. $\phi50\dfrac{H7}{k6}$ B. ϕ50H7 C. ϕ50k6 D. $\phi50\dfrac{k6}{H7}$

13-10 滚动轴承内圈与轴颈、外圈与座孔的配合________。

A. 均为基轴制 B. 前者为基轴制，后者为基孔制

C. 均为基孔制 D. 前者为基孔制，后者为基轴制

13-11 为保证轴承内圈与轴肩端面接触良好，轴承的圆角半径 r 与轴肩处圆角半径 r_1 应满足________的关系。

A. $r=r_1$ B. $r>r_1$ C. $r<r_1$ D. $r\leqslant r_1$

13-12 ________不是滚动轴承预紧的目的。

A. 增大支承刚度 B. 提高旋转精度

C. 减小振动噪声 D. 降低摩擦阻力

班级		成绩	
姓名		任课教师	
学号		批改日期	

13-13　角接触球轴承承受轴向力的能力，随接触角 α 的增大而________。

A. 增大　　B. 减小　　C. 不变　　D. 不定

13-14　某轮系的中间齿轮（惰轮）通过一滚动轴承固定在不转的心轴上，轴承内、外圈的配合应满足________。

A. 内圈与心轴较紧，外圈与齿轮较松　　B. 内圈与心轴较松，外圈与齿轮较紧

C. 内圈、外圈配合均较紧　　D. 内圈、外圈配合均较松

13-15　各类滚动轴承的润滑方式，通常可根据轴承的________来选择。

A. 转速 n　　B. 当量动载荷 P　　C. 轴径圆周速度 v　　D. 内径与转速的乘积 dn

二、填空题

13-16　说明下列型号滚动轴承的类型、内径、公差等级、直径系列和结构特点：6306、51316、N316/P6、30306、6306/P5、30206，并指出其中具有下列特征的轴承：

（1）径向承载能力最高和最低的轴承分别是________和________；

（2）轴向承载能力最高和最低的轴承分别是________和________；

（3）极限转速最高和最低的轴承分别是________和________；

（4）公差等级最高的轴承是________；

（5）能承受轴向、径向联合载荷的轴承是________。

13-17　深沟球轴承和角接触球轴承在结构上的区别是________，在承受载荷上的区别是________。

13-18　对于回转的滚动轴承，一般常发生疲劳点蚀破坏，故轴承的尺寸主要按________计算确定。

13-19　对于不转、转速极低或摆动的滚动轴承，常发生塑性变形破坏，故轴承的尺寸主要按________计算确定。

13-20　滚动轴承工作时，滚动体和转动套圈的表面接触应力特性为________；而固定套圈接触点的接触应力特性为________。

13-21　滚动轴承轴系支点轴向固定常用的 3 种结构形式是________、________、________。

13-22　滚动轴承预紧的目的是________。所谓预紧，就是指________。

13-23　滚动轴承的内径和外径的公差带均为________，而且统一采用上极限偏差为________，下极限偏差为________的分布，转动套圈的配合要________，静止套圈的配合要________。

13-24　滚动轴承密封的目的是________。滚动轴承常用的 3 种密封方法为________、________、________。

班级		成绩	
姓名		任课教师	
学号		批改日期	

三、分析与思考题

13-25　为什么 30000 型和 70000 型轴承常成对使用？成对使用时，什么叫做正装及反装？什么叫做“面对面”及“背靠背”安装？试比较正装及反装的特点。

13-26　滚动轴承的寿命与基本额定寿命有何区别？按公式 $L_{10}=(C/P)^{\varepsilon}$ 计算出的 L_{10} 是什么含义？

13-27　滚动轴承基本额定动载荷 C 的含义是什么？当滚动轴承上作用的当量动载荷不超过 C 值时，轴承是否就不会发生点蚀破坏？为什么？

13-28　对同一型号的滚动轴承，在某一工况下的基本额定寿命为 L_{10}。若其他条件不变，仅将轴承所受的当量动载荷增加一倍，轴承的基本额定寿命将为多少？

13-29　滚动轴承常见的失效形式有哪些？公式 $L_{10}=(C/P)^{\varepsilon}$ 是针对哪种失效形式建立起来的？

班级		成绩	
姓名		任课教师	
学号		批改日期	

13-30　你所学的滚动轴承中，哪几类滚动轴承内、外圈是可以分离的？

13-31　什么类型的滚动轴承在安装时要调整轴承游隙？常用哪些方法调整轴承游隙？

13-32　滚动轴承支承的轴系，其轴向固定的典型结构形式有 3 类：（1）双支点各单向固定；（2）一支点双向固定，另一支点游动；（3）两端游动支承。试问这 3 种类型各适用于什么场合？

13-33　一高速旋转、传递较大功率且支承跨距较大的蜗杆轴，采用一对正装的圆锥滚子轴承作为支承是否合适？为什么？

13-34　滚动轴承的回转套圈和不回转套圈与轴颈或机座装配时所采用的配合性质有何不同？常选用什么配合？其配合的松紧程度与光滑圆柱体公差标准中的相同配合有何不同？

13-35　在锥齿轮传动中，小锥齿轮的轴系常支承在套杯里，采用这种结构形式有何优点？

班级		成绩	
姓名		任课教师	
学号		批改日期	

13-36　滚动轴承常用的润滑方式有哪些？具体选用时应如何考虑？

13-37　接触式密封有哪几种常用的结构形式？分别适用于什么速度范围？

13-38　在唇形密封圈密封结构中，密封唇的方向与密封要求有何关系？

13-39　选择下图所示机械设备中滚动轴承的类型，并说明理由。

（1）起重机卷筒轴（图 a），$F=1.8\times10^5$N；

（2）Y 系列三相异步交流电动机转子轴（图 b），转速 $n=1440$r/min；

（3）蜗杆传动的蜗杆轴和蜗轮轴（图 c），功率 $P=5.5$kW，转速 $n=960$r/min；

（4）吊车滑轮轴及吊钩（图 d），$F=5\times10^4$N。

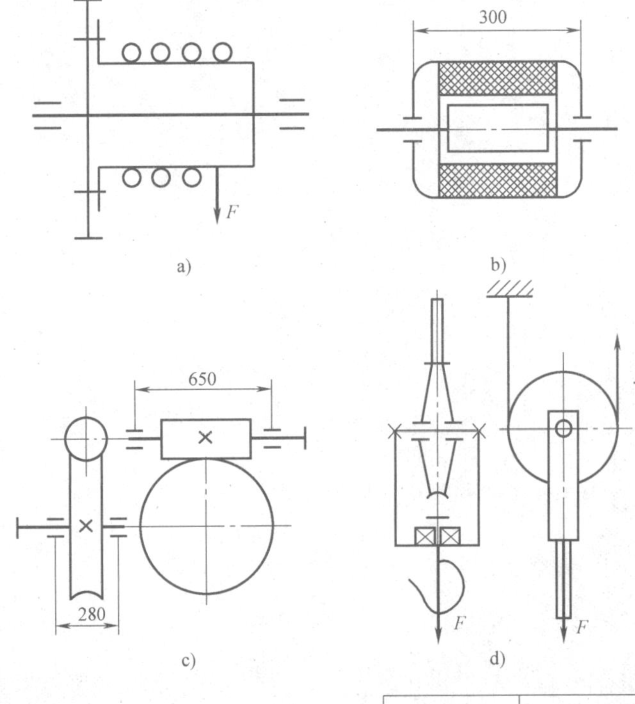

a)　b)　c)　d)

班级		成绩	
姓名		任课教师	
学号		批改日期	

四、设计计算题

13-40　某转轴由一对代号为30312的圆锥滚子轴承支承，轴上斜齿轮的轴向分力 $F_{ae}=5000\text{N}$，方向如图所示。已知两轴承的径向支反力 $F_{r1}=13600\text{N}$，$F_{r2}=22100\text{N}$；轴的转速 $n=960\text{r/min}$，运转中有中等冲击；轴承工作温度小于120℃。试计算轴承的寿命 L_{10h}。

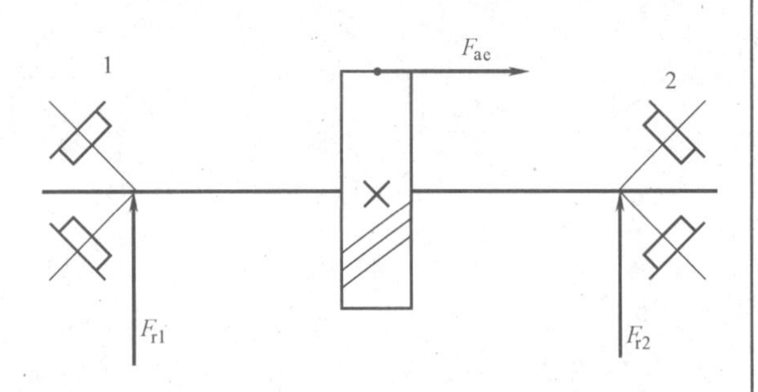

班级		成绩	
姓名		任课教师	
学号		批改日期	

13-41　下图所示安装有两个斜齿圆柱齿轮的转轴由一对代号为 7210AC 的轴承支承。已知两齿轮上的轴向分力分别为 $F_{ae1}=3000\text{N}$，$F_{ae2}=5000\text{N}$，方向如图。轴承所受径向载荷 $F_{r1}=8000\text{N}$，$F_{r2}=12000\text{N}$，求两轴承的轴向力 F_{a1}、F_{a2} 和当量动载荷 P_{r1}、P_{r2}（设载荷性质为轻微冲击）。

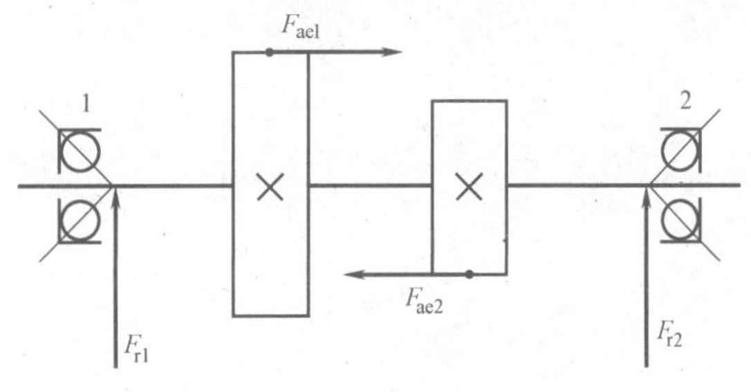

班级		成绩	
姓名		任课教师	
学号		批改日期	

13-42　一对 7210AC 轴承分别承受径向力 $F_{r1}=8500\text{N}$，$F_{r2}=5000\text{N}$，轴上作用力 F_{ae}（方向如图），试求下列 4 种情况下各轴承的轴向力 F_{a1}、F_{a2}。（1）$F_{ae}=2500\text{N}$；（2）$F_{ae}=900\text{N}$；（3）$F_{ae}=2380\text{N}$；（4）$F_{ae}=0$。

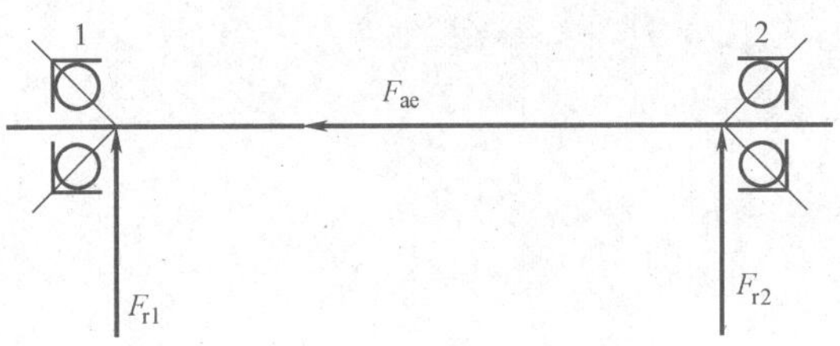

班级		成绩	
姓名		任课教师	
学号		批改日期	

13-43　下图所示轴系由一对深沟球轴承 6210 支承，两轴承的径向力分别为 $F_{r1}=3000\text{N}$，$F_{r2}=2000\text{N}$，轴上零件受到的轴向外载荷 $F_{ae}=1300\text{N}$，轴的转速 $n=1440\text{r/min}$，载荷系数 $f_p=1.1$，温度系数 $f_t=0.95$，试求：

（1）两轴承的轴向载荷 F_{a1}、F_{a2}；当量动载荷 P_{r1}、P_{r2}；轴承的寿命 L_{10h}。

（2）如果 F_{ae} 的方向与图示相反，上述所求各轴承的载荷及寿命有无变化？

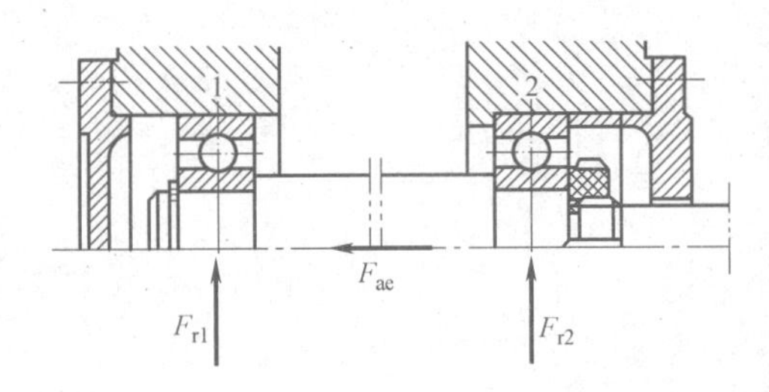

13-44　一轴系由一对深沟球轴承 6410 支承，两端各单向固定，两轴承的径向力分别为 $F_{r1}=3000\text{N}$，$F_{r2}=5000\text{N}$，轴上零件受到的轴向外载荷 $F_{ae}=1500\text{N}$，轴的转速 $n=1440\text{r/min}$，载荷系数 $f_p=1.1$，温度系数 $f_t=0.95$，试计算轴承的寿命 L_{10h}。

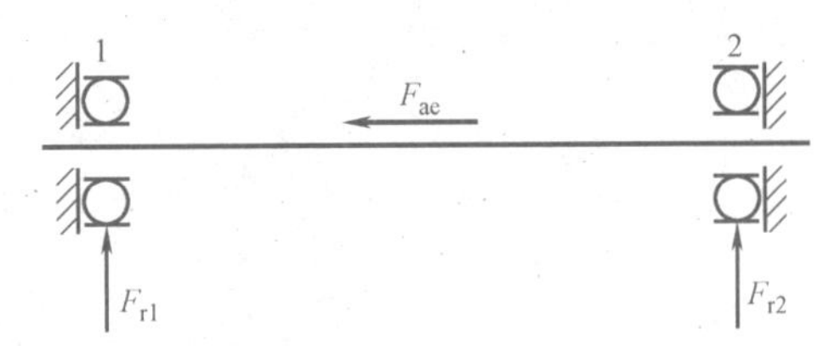

班级		成绩	
姓名		任课教师	
学号		批改日期	

13-45　根据工作条件决定在轴的两端反装两个圆锥滚子轴承，如下图所示。已知轴上齿轮受切向力 $F_{te}=7500\text{N}$，径向力 $F_{re}=3000\text{N}$，轴向力 $F_{ae}=1800\text{N}$，齿轮分度圆直径 $d=324\text{mm}$，齿轮转速 $n=520\text{r/min}$，运转中有中等冲击载荷，轴承预期寿命 $L'_{10h}=15000\text{h}$。设初选两个轴承型号均为30208，试验算所选轴承是否能达到预期寿命的要求。

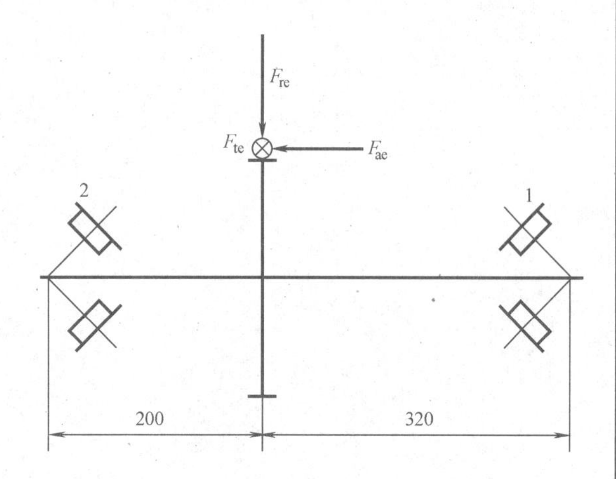

班级		成绩	
姓名		任课教师	
学号		批改日期	

五、结构设计与分析题

13-46 按要求在给出的结构图中添画合适的轴承（图中箭头示意载荷方向）。

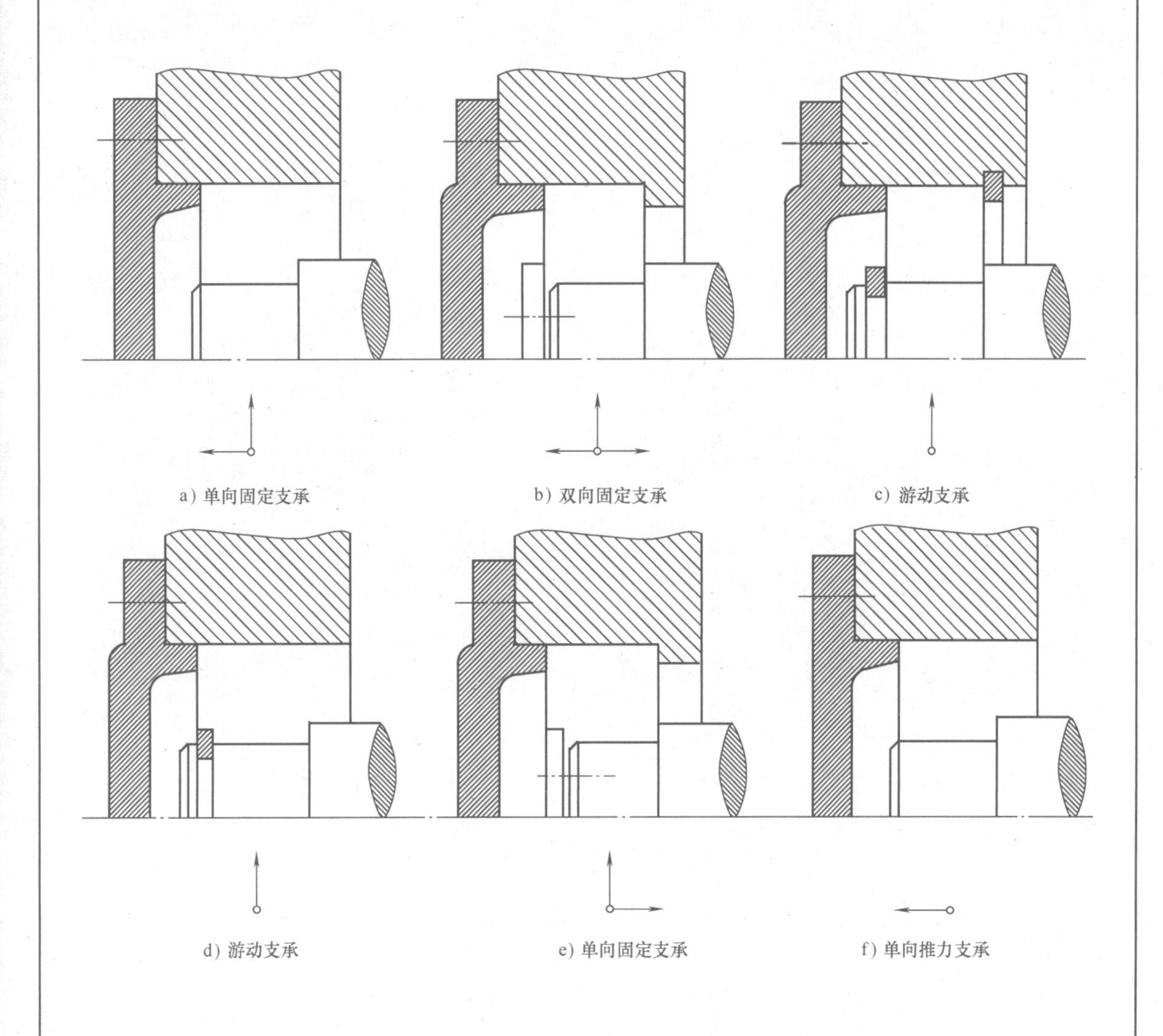

a) 单向固定支承　b) 双向固定支承　c) 游动支承

d) 游动支承　e) 单向固定支承　f) 单向推力支承

班级		成绩	
姓名		任课教师	
学号		批改日期	

13-47　下图所示为采用一对反装圆锥滚子轴承的小锥齿轮轴承组合结构，在保证圆锥滚子轴承反装结构的前提下，试指出结构中的错误，加以改正，并画出轴向力的传递路线。

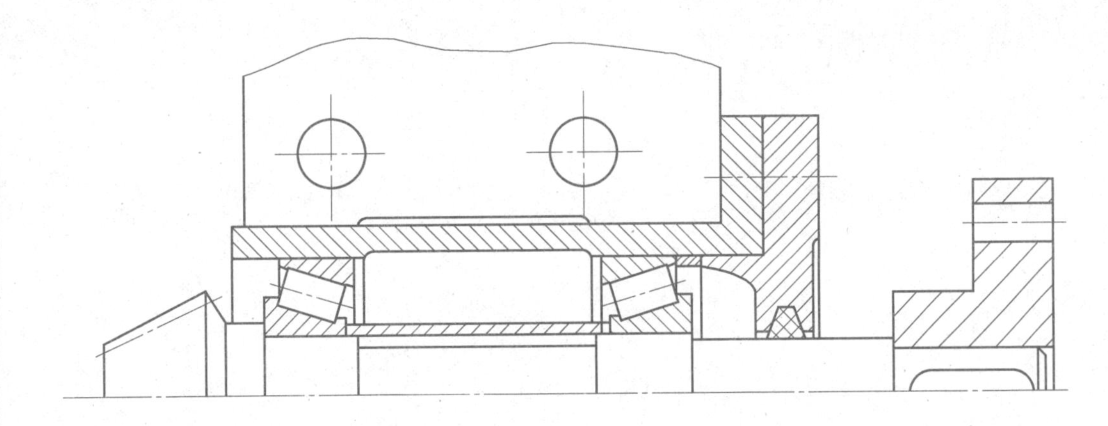

13-48　分析下图所示轴系结构的错误，并加以改正。

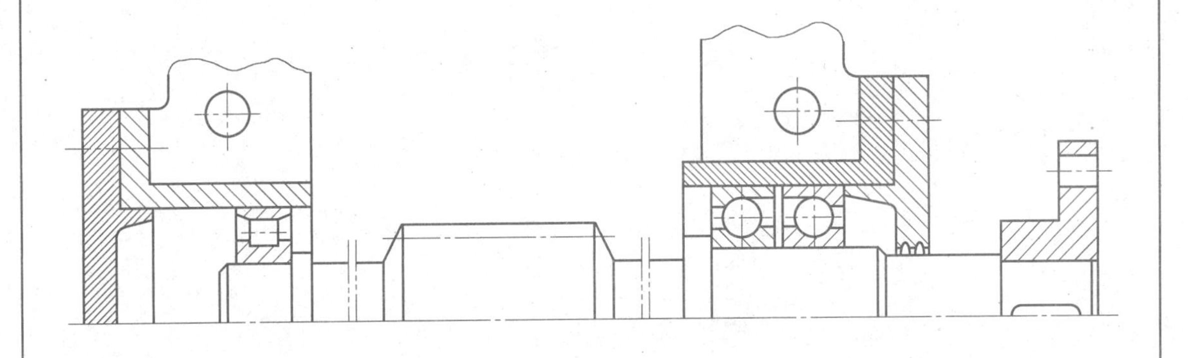

班级		成绩	
姓名		任课教师	
学号		批改日期	

13-49 轴系结构分析与改错：

（1）仔细分析该轴系结构图并填空。

1）轴承配置常用 3 种方法，此处采用的是________________。

2）轴的右端采用圆柱滚子轴承的原因是__________，左端轴承的外圈由__________定位。

3）轴在温度较高的环境下工作时，它的热变形问题是__________来解决的。

（2）画出轴受向右的轴向力时，轴向力的传递路线。

（3）指出图中结构错误或不合理之处，并按序号说明错误原因，同时在原图上画出正确的结构图。

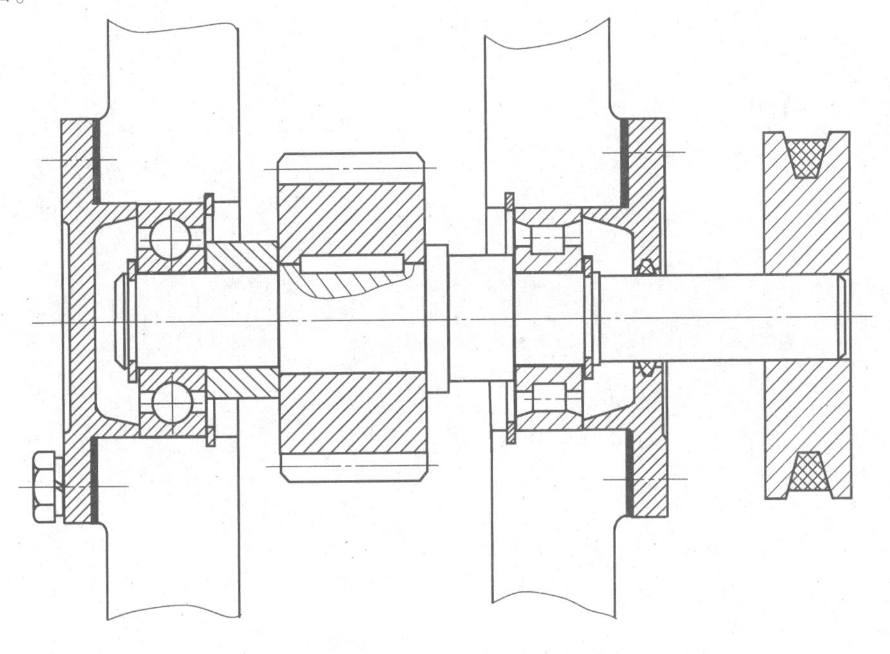

班级		成绩	
姓名		任课教师	
学号		批改日期	

第十四章 滑动轴承

一、选择题

14-1 与滚动轴承相比较，下述各选项中，________不能作为滑动轴承的优点。

A. 轴向尺寸小　B. 间隙小，旋转精度高　C. 运转平稳，噪声低　D. 可用于高速

14-2 轴承合金（巴氏合金）通常用于做滑动轴承的________。

A. 轴套　B. 轴承衬　C. 含油轴瓦　D. 轴承座

14-3 ________不能单独作为轴套（或轴瓦）。

A. 铸铁　B. 轴承合金　C. 铸造锡磷青铜　D. 铸造黄铜

14-4 不完全流体润滑滑动轴承，验算 $p \leqslant [p]$ 是为了防止轴承________，验算 $pv \leqslant [pv]$ 是为了防止轴承________。

A. 发生疲劳点蚀　B. 过热产生胶合　C. 产生塑性变形　D. 过度磨损

14-5 在下列 4 种情况中，两板间黏性流体能形成动压油膜的是________。

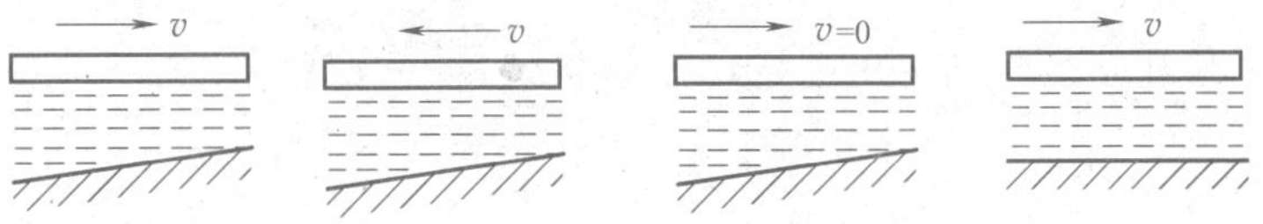

v　v　v=0　v

A　B　C　D

14-6 在下列 4 种情况中，________是流体动力润滑滑动轴承的平衡状态。

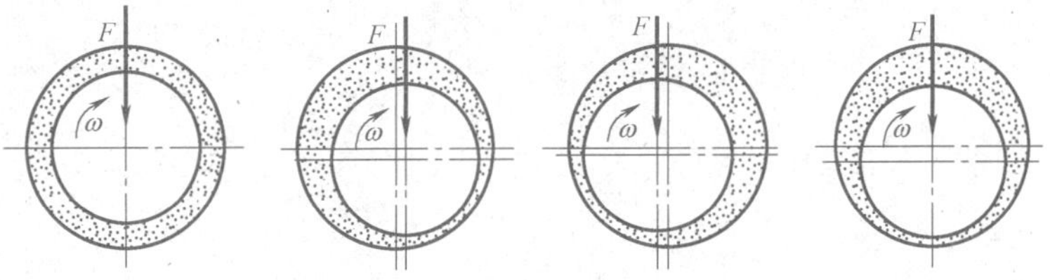

F ω　F ω　F ω　F ω

A　B　C　D

14-7 流体动力润滑滑动轴承验算最小油膜厚度 h_{min} 的目的是________。

A. 确定轴承是否能获得液体摩擦　B. 控制轴承的发热量

C. 计算轴承内部的摩擦阻力　D. 控制轴承的压强

14-8 在________情况下，滑动轴承润滑油的黏度不应选得太高。

A. 重载　B. 高速　C. 工作温度高　D. 承受变载荷或振动冲击载荷

14-9 流体动力润滑滑动轴承建立油压的条件中，不必要的条件是________。

A. 润滑油温度不超过 50℃　B. 充分供应润滑油

C. 轴颈和轴承表面之间有相对滑动　D. 轴颈和轴承间构成楔形间隙

14-10 在滑动轴承设计中，相对间隙 ψ 是一个重要参数，它是________与公称直径之比。

A. 半径间隙 $\delta = R - r$　B. 直径间隙 $\Delta = D - d$　C. 最小油膜厚度 h_{min}　D. 偏心距 e

14-11 ________不是静压滑动轴承的特点。

A. 起动力矩小

B. 对轴承材料要求高

C. 供油系统复杂

D. 高、低速运转性能均好

班级		成绩	
姓名		任课教师	
学号		批改日期	

二、填空题

14-12 径向滑动轴承的结构型式有____________、____________、____________。

14-13 轴瓦定位的目的是________________________________。其方法有____________、____________、____________等。

14-14 在滑动轴承上开设油孔的目的是____________，开设油槽的目的是____________。

14-15 推导流体动力润滑的基本方程（雷诺方程）时主要依据的条件是________________、____________、____________。

14-16 径向滑动轴承的偏心距 e 随着载荷增大而____________，随着转速升高而____________。

14-17 在设计流体动力润滑径向滑动轴承时，若减小相对间隙 ψ，则轴承的承载能力将____________，旋转精度将____________，发热量将____________。

14-18 流体动力润滑滑动轴承承载能力验算合格的基本依据是____________________、____________、____________、____________和____________。

三、分析与思考题

14-19 在滑动轴承上开设油孔和油槽（油沟）时应注意哪些问题？

14-20 一般轴承的宽径比在什么范围内？为什么宽径比不宜过大或过小？

14-21 滑动轴承常见的失效形式有哪些？

14-22 对滑动轴承材料的性能有哪几方面的要求？

班级		成绩	
姓名		任课教师	
学号		批改日期	

14-23　在设计滑动轴承时，相对间隙 ψ 的选取与速度和载荷的大小有何关系？

14-24　设计不完全流体润滑滑动轴承时通常需要进行哪些条件性验算？其目的各是什么？对流体动力润滑滑动轴承是否需要进行这些验算？为什么？

14-25　对已设计好的流体动力润滑径向滑动轴承，试分析在仅改变下列参数之一时，将如何影响该轴承的承载能力。

（1）转速 $n=500\text{r/min}$ 改为 $n=700\text{r/min}$；

（2）宽径比 B/d 由 1.0 改为 0.8；

（3）润滑油由采用 46 号全损耗系统用油改为 68 号全损耗系统用油；

（4）轴承孔表面粗糙度由 $Ra=0.8\mu\text{m}$ 改为 $Ra=0.4\mu\text{m}$。

14-26　在设计流体动力润滑滑动轴承时，当出现下列情况之一后，可考虑采取什么措施（对每种情况至少提出两种改进措施)？

（1）当 $h_{\min}<[h]$ 时；

（2）当计算入口温度 t_i 偏低时。

班级		成绩	
姓名		任课教师	
学号		批改日期	

14-27　根据流体动力润滑的一维雷诺方程$\frac{\partial p}{\partial x}=6\eta v\frac{h-h_0}{h^3}$，说明形成流体动力润滑的必要条件。

14-28　下图所示为两个尺寸相同的液体摩擦动力润滑滑动轴承，其工作条件和结构参数（相对间隙ψ、动力黏度η、速度v、轴径d、轴承宽度B）完全相同，试问哪个轴承的相对偏心率χ较大？哪个轴承承受径向载荷F较大？哪个轴承的耗油量Q较大？

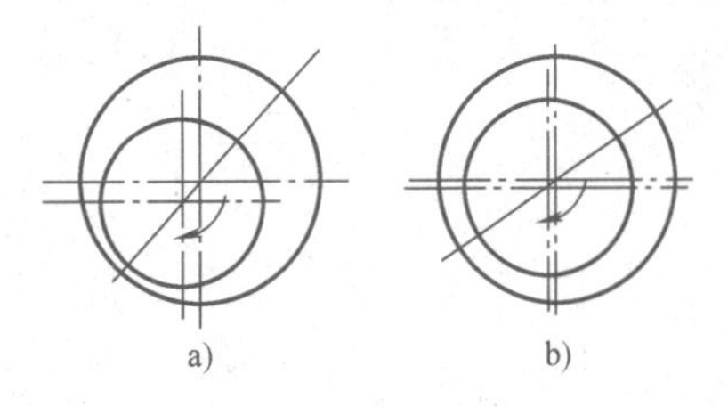

四、设计计算题

14-29　起重机卷筒轴采用两个不完全流体润滑径向滑动轴承支承。已知每个轴承上的径向载荷$F=100\text{kN}$，轴颈直径$d=90\text{mm}$，转速$n=90\text{r/min}$，拟采用整体式轴瓦，试设计该轴承，并选择润滑剂牌号。

班级		成绩	
姓名		任课教师	
学号		批改日期	

14-30 有一不完全流体润滑径向滑动轴承，轴颈直径 $d=200\text{mm}$，轴承宽度 $B=250\text{mm}$，轴承材料选用 ZCuAl10Fe3。当轴的转速为 60r/min、100r/min、500r/min 时，轴承允许的最大径向载荷各为多少？

14-31 一流体动力润滑径向滑动轴承，承受径向载荷 $F=70\text{kN}$，转速 $n=1500\text{r/min}$，轴直径 $d=200\text{mm}$，宽径比 $B/d=0.8$，相对间隙 $\psi=0.0015$，包角 $\alpha=180°$，采用 32 号全损耗系统用油（无压供油）。假设轴承平均油温 $t_m=50℃$，油的黏度 $\eta=0.018\text{Pa}\cdot\text{s}$，求最小油膜厚度 h_{min}。

班级		成绩	
姓名		任课教师	
学号		批改日期	

14-32　某转子的径向滑动轴承，其径向载荷 $F=20000\text{N}$，轴承宽径比 $B/d=1.0$，轴径的转速 $n=1000\text{r/min}$，载荷方向一定，工作情况稳定，轴承相对间隙 $\psi=0.8\sqrt[4]{v}\times10^{-3}$（$v$ 为轴颈圆周速度，m/s），轴颈和轴瓦的表面粗糙度 $Ra_1=0.8\mu\text{m}$，$Ra_2=1.6\mu\text{m}$，轴瓦材料的 $[p]=20\text{MPa}$，$[v]=15\text{m/s}$，$[pv]=15\text{MPa}\cdot\text{m/s}$，油的黏度 $\eta=0.028\text{Pa}\cdot\text{s}$。

（1）求按不完全流体润滑状态设计时，轴颈的直径 d 是多少？

（2）将由（1）求出的轴颈直径进行圆整（尾数为 0 或 5），试问在题中给定条件下此轴承能否达到流体润滑状态？

班级		成绩	
姓名		任课教师	
学号		批改日期	

14-33　设计一汽轮机用流体动力润滑径向滑动轴承。已知轴径 $d=80\mathrm{mm}$，转速 $n=1000\mathrm{r/min}$，轴承上的径向载荷 $F=10\mathrm{kN}$，载荷平稳。

班级		成绩	
姓名		任课教师	
学号		批改日期	

第十五章　联轴器和离合器

一、选择题

15-1　联轴器和离合器的主要作用是________。

A. 缓冲、减振　　　B. 连接两轴，传递运动和动力

C. 防止机器发生过载　　D. 补偿两轴的不同心

15-2　联轴器和离合器的根本区别在于________。

A. 联轴器只能连接两轴，离合器在连接两轴的同时还可连接轴上其他旋转零件

B. 联轴器可用弹性元件缓冲，离合器则不能

C. 联轴器必须使机器停止运转才能用拆卸的方法使两轴分离，离合器可在工作时分离

D. 两者没有任何区别

15-3　联轴器连接的两轴直径分别为 d_1（主动轴）、d_2（从动轴），则要求________。

A. $d_1 = d_2$　　B. $d_1 \geqslant d_2$　　C. $d_1 \leqslant d_2$　　D. d_1、d_2 可以不相等，但不超过一定的范围

15-4　图中所示两轴，其中情况________不适用于联轴器连接。

A　　B　　C　　D

15-5　下列 4 种联轴器中，________有良好的补偿综合位移的能力。

A. 十字滑块联轴器　　B. 夹壳联轴器　　C. 凸缘联轴器　　D. 套筒联轴器

15-6　套筒联轴器的主要特点是________。

A. 结构简单，径向尺寸小　　B. 寿命长

C. 可用于高速　　D. 能传递大的转矩

15-7　两轴对中准确，载荷平稳，要求有较长寿命，宜选用________；两轴中心线有一定的偏移，载荷平稳而冲击不大时，一般宜选用________；载荷平稳，但运转中有较大的瞬时过载而对机器会造成危害时，宜选用________。

A. 刚性联轴器　　B. 无弹性元件的挠性联轴器

C. 有弹性元件的挠性联轴器　　D. 安全联轴器

15-8　夹壳联轴器的螺栓正倒相间安装是为了________。

A. 安装方便　　B. 外形美观

C. 改善平衡状况　　D. 有利于结合面的锁紧

15-9　牙嵌离合器一般用于________的场合。

A. 转矩较大，接合速度低　　B. 转矩小，接合时转速差很小

C. 转矩大，接合速度高　　D. 任何

15-10　牙嵌离合器应用最广的牙型是________。

A. 矩形　　B. 梯形　　C. 锯齿形　　D. 三角形

15-11　多片离合器的内摩擦盘有时做成碟形，这是为了________。

A. 减轻盘的磨损

B. 提高盘的刚度

C. 使离合器分离迅速

D. 增大当量摩擦系数

班级		成绩	
姓名		任课教师	
学号		批改日期	

二、填空题

15-12　根据联轴器对两轴间相对位移是否有补偿的能力，联轴器可分为__________和__________；__________和__________联轴器无缓冲、减振作用，__________联轴器具有缓冲、减振作用。

15-13　凸缘联轴器常用的两种对中方法是：1）____________________，依靠____________________传递转矩；2）____________________，依靠____________________传递转矩。

15-14　齿式联轴器能补偿两轴的综合位移，是由于______________________________。

15-15　机器中常将万向联轴器成对使用，欲使主、从动轴的角速度相等，必须满足两个条件：(1)____________________；(2)____________________。

15-16　挠性联轴器的弹性元件有定刚度与变刚度之分，非金属材料的弹性元件是__________，其刚度多随着载荷增大而__________。

15-17　选定联轴器类型以后，在确定具体尺寸型号时应考虑的问题有________、________、________、________等。

15-18　离合器按其工作原理可分为__________和__________两类。其接合的区别是____________________。

15-19　安全离合器常用的型式有3种，它们是__________、__________、__________。

三、分析与思考题

15-20　联轴器、离合器、安全联轴器和安全离合器各有何区别？各适用于什么场合？

15-21　试比较刚性联轴器、无弹性元件的挠性联轴器和有弹性元件的挠性联轴器各有何优缺点，各适用于什么场合。

15-22　选择联轴器类型时，应当考虑哪几方面的因素？

15-23　牙嵌离合器和摩擦式离合器各有何优缺点？各适用于什么场合？

班级		成绩	
姓名		任课教师	
学号		批改日期	

四、设计计算题

15-24　有一链式输送机用联轴器与电动机相连接。已知传递功率 $P=15\text{kW}$，电动机转速 $n=1460\text{r/min}$，电动机轴伸直径 $d=42\text{mm}$，两轴同轴度好，输送机工作时起动频繁并有轻微冲击，试选择联轴器的类型和型号。

15-25　一搅拌机的轴通过联轴器与减速器的输出轴相连接，原动机为电动机，减速器输出轴的转速 $n=200\text{r/min}$，传递转矩 $T=1000\text{N}\cdot\text{m}$，两轴工作时有少量偏移，试选择联轴器的类型和型号。

班级		成绩	
姓名		任课教师	
学号		批改日期	

第十六章 弹 簧

一、选择题

16-1 圆柱螺旋拉伸弹簧所受的应力是________。

A. 拉伸 B. 扭转 C. 弯曲 D. 压缩

16-2 下列材料中，不能用于制作弹簧的是________。

A. Q235 B. 65Mn C. 60Si2Mn D. 碳素弹簧钢丝

16-3 弹簧丝直径 d 是根据弹簧的________计算确定的。

A. 刚度 B. 强度 C. 稳定性 D. 旋绕比

16-4 圆柱螺旋弹簧的工作圈数 n 是根据弹簧的________计算确定的。

A. 刚度 B. 强度 C. 稳定性 D. 旋绕比

16-5 有些弹簧采用喷丸处理，其目的是提高弹簧的________。

A. 静强度 B. 刚度 C. 疲劳强度 D. 稳定性

二、填空题

16-6 弹簧的主要功用是____________、____________、____________和____________等。

16-7 弹簧按承载方式不同，可分为__________、__________、__________和__________等。

16-8 圆柱螺旋弹簧的卷绕方法有____________和____________两种。当弹簧丝直径 d 在10mm以上时，应用____________方法卷绕。

16-9 圆柱螺旋弹簧的制造工艺过程包括____________、____________、____________、____________等。

16-10 圆柱螺旋弹簧的旋绕比 C 等于____________，其常用的取值范围是____________。

16-11 若两个圆柱螺旋弹簧的中径 D_2 相同，弹簧丝直径 d 较大的，其弹簧刚度________。

16-12 若两个圆柱螺旋弹簧的弹簧丝直径 d 相同，弹簧中径 D_2 较大的，其弹簧刚度______。

三、分析与思考题

16-13 什么是弹簧的特性曲线？它与弹簧刚度有什么关系？

16-14 圆柱螺旋弹簧的旋绕比 C 对弹簧性能有什么影响？设计中应如何选取 C 值的大小？

班级		成绩	
姓名		任课教师	
学号		批改日期	

16-15　在圆柱螺旋弹簧的强度计算中，为什么要引入曲度系数 K？其值如何计算？

16-16　影响圆柱螺旋弹簧强度的主要因素是什么？为提高弹簧强度可采用哪些措施？

16-17　在什么情况下，应验算弹簧的稳定性？怎样保证其稳定性？

四、设计计算题

16-18　有一圆柱螺旋压缩弹簧，已知受压力 $F_1=200\text{N}$ 时，弹簧高度 $H_1=150\text{mm}$，受压力 $F_2=300\text{N}$ 时，弹簧高度 $H_2=100\text{mm}$，求此弹簧刚度，并画出该弹簧的特性曲线。

16-19　试设计一受静载荷的圆柱螺旋压缩弹簧。已知预加载荷 $F_1=500\text{N}$，最大工作载荷 $F_2=1200\text{N}$，工作行程 $h=60\text{mm}$，要求弹簧内径 $D_1\leqslant 50\text{mm}$。

班级		成绩	
姓名		任课教师	
学号		批改日期	

第十七章　机械结构设计的方法和准则

一、分析与思考题

17-1　机械结构设计的任务是什么？

17-2　机械结构设计的作用和特点有哪些？

17-3　机械结构设计的基本要求是什么？试举例说明。

17-4　机械结构设计方案变异的方法有哪些？目的是什么？

17-5　机械结构设计的基本准则有哪些？试说明螺纹标准件是如何运用等强度设计准则的。由青铜齿圈和铸铁轮芯组合而成的组装蜗轮是运用了什么设计准则？

班级		成绩	
姓名		任课教师	
学号		批改日期	

17-6　试举几例说明，如何在结构设计方面提高机械零件的强度和刚度。

17-7　为了便于加工，切削件的结构设计通常应遵循哪些准则？

17-8　为了提高切削效率，结构设计时应做哪些细节处理？

17-9　设计铸件时，必须掌握哪些设计准则？

17-10　方便装拆的结构设计准则有哪些？

班级		成绩	
姓名		任课教师	
学号		批改日期	

二、结构设计与分析题

17-11　从受力、变形、材料特性、加工和装配等方面分析下列各组结构中哪个结构更合理：

（1）力是否可以相互平衡或抵消一部分，从而使机架的受力更合理（图 a）？

（2）配合零件的扭转变形是否协调（图 b）？

（3）铸造轴承座的铸铁材料是否充分发挥作用（图 c）？

（4）钻头受力是否均匀（图 d）？

（5）切齿时齿体受力是否合理（图 e）？

（6）螺栓安装是否方便（图 f）？

（7）铸造轴承座结构是否合理（图 g）？

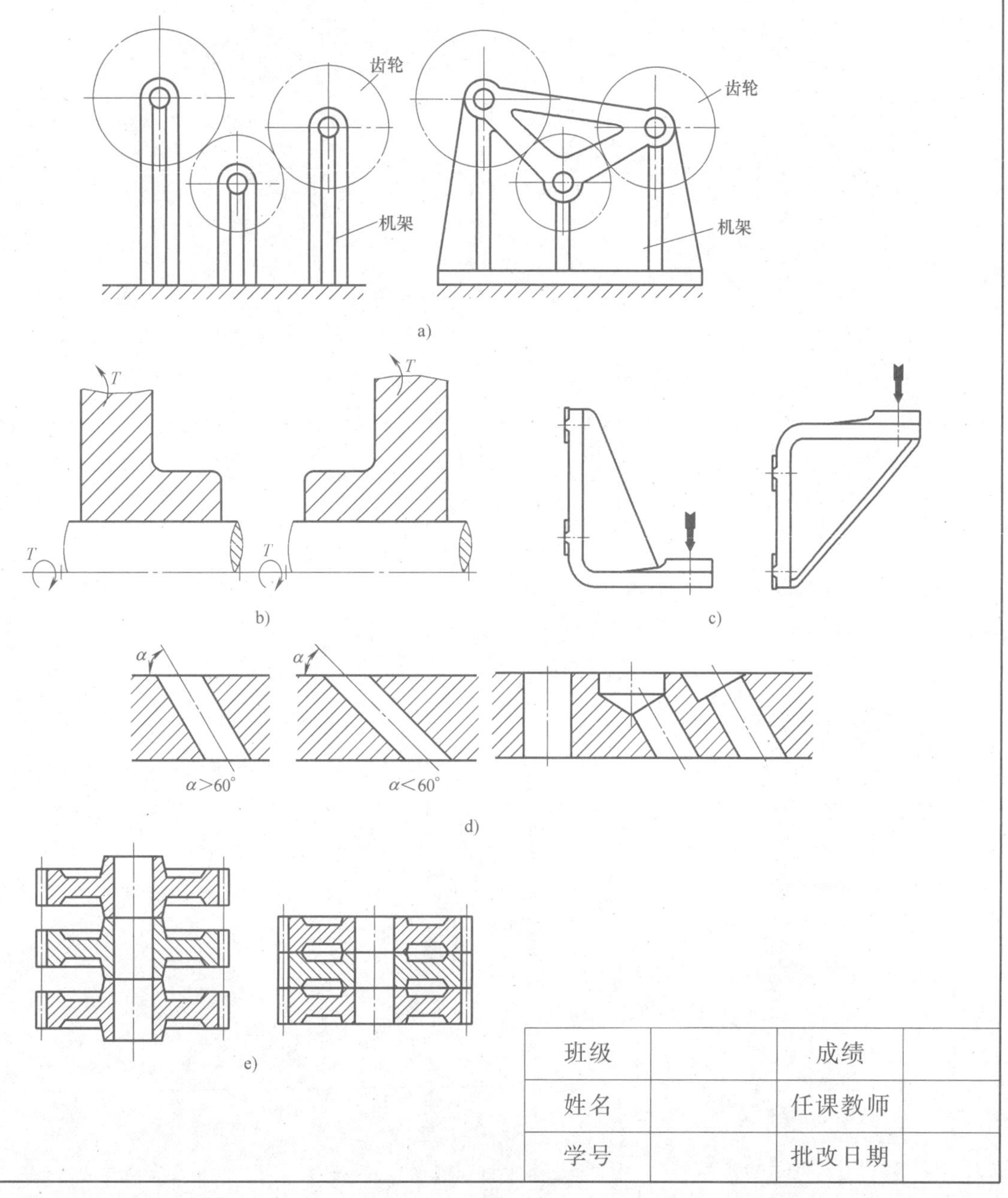

a)

b)

c)

d)

e)

班级		成绩	
姓名		任课教师	
学号		批改日期	

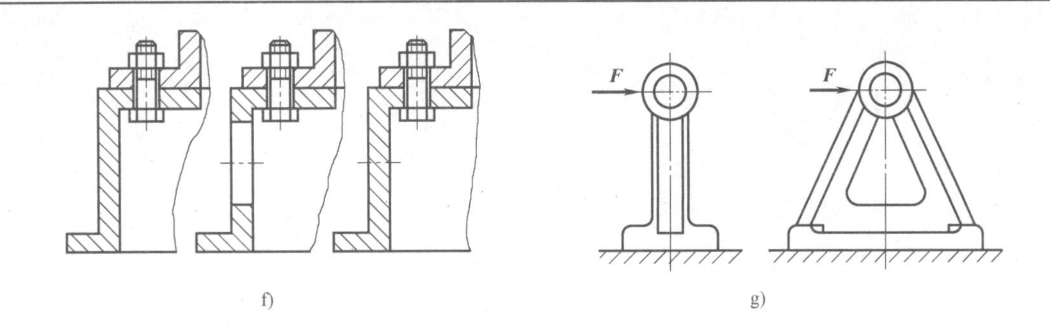

f)　　　　g)

17-12　指出图中的不合理或错误结构，并画出正确结构。

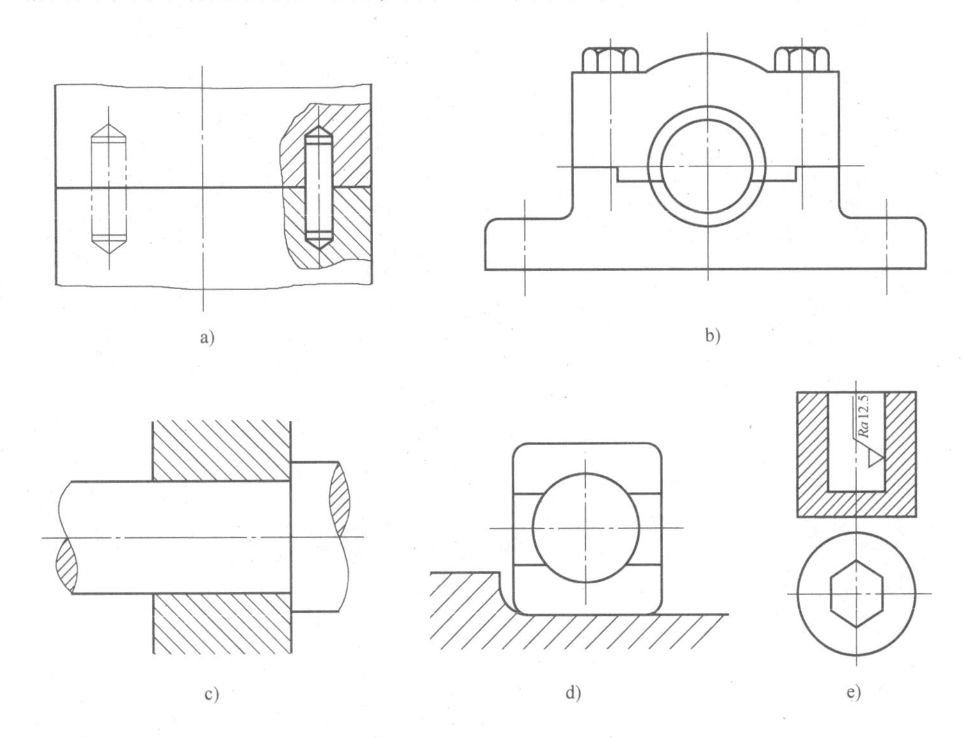

a)　　b)

c)　　d)　　e)

班级		成绩	
姓名		任课教师	
学号		批改日期	

第十八章　机座和箱体的结构设计简介

分析与思考题

18-1　箱体的主要功能是什么？设计准则是什么？常见的有哪些类型？

18-2　箱体常用的材料有哪些？对焊接和铸造箱体的毛坯，为什么要进行热处理？

18-3　加强肋板的作用是什么？常见的加强肋板有哪些形状？如何布置肋板？

18-4　支承件受力如下图所示，要求设计加强肋板以提高其刚度，试以简图表示加强肋板的合理布置。

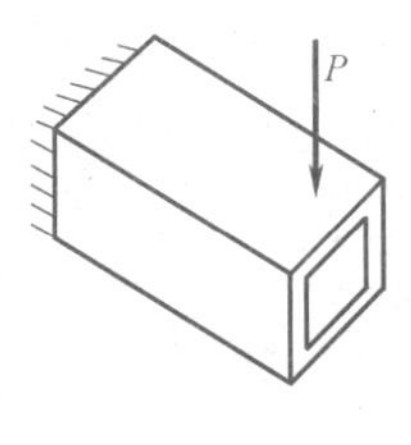

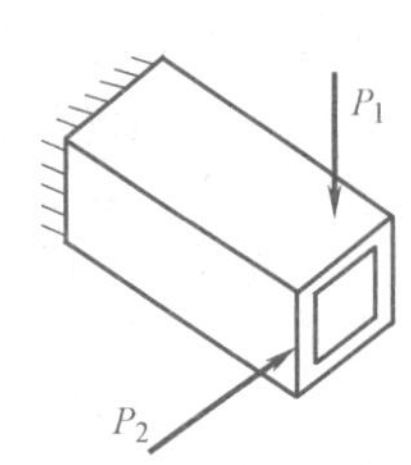

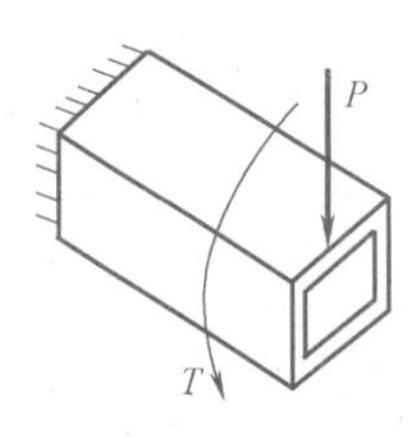

18-5　机座的作用和设计要求是什么？机座的典型结构有哪些？

班级		成绩	
姓名		任课教师	
学号		批改日期	

参考文献

[1] 李育锡．机械设计作业集［M］．2版．北京：高等教育出版社，2001．

[2] 吴宗泽．机械设计习题集［M］．3版．北京：高等教育出版社，2002．

[3] 张鄂．机械设计学习指导重点难点及典型题精解［M］．西安：西安交通大学出版社，2002．

[4] 彭文生，黄华梁．机械设计教学指南［M］．北京：高等教育出版社，2003．